居家必用事类

全集（饮食类）

中华烹饪古籍经典藏书

[元] 无名氏 撰

中国商业出版社

图书在版编目（ＣＩＰ）数据

居家必用事类全集：饮食类 /（元）无名氏撰 . --
北京：中国商业出版社，2023.5
ISBN 978-7-5208-2450-7

Ⅰ . ①居… Ⅱ . ①无… Ⅲ . ①饮食—文化—中国—元
代 Ⅳ . ① TS971.202

中国国家版本馆 CIP 数据核字（2023）第 049984 号

责任编辑：郑　静

中国商业出版社出版发行
（www.zgsycb.com　100053　北京广安门内报国寺 1 号）
总编室：010-63180647　编辑室：010-83118925
发行部：010-83120835/8286
新华书店经销
唐山嘉德印刷有限公司印刷

*

710 毫米 ×1000 毫米　16 开　17 印张　150 千字
2023 年 5 月第 1 版　2023 年 5 月第 1 次印刷
定价：75.00 元

****

（如有印装质量问题可更换）

中华烹饪古籍经典藏书
指导委员会

（排名不分先后）

名誉主任

杨　柳　魏稳虎

主　任

张新壮

副主任

吴　颖　周晓燕　邱庞同　杨铭铎　许菊云

高炳义　孙晓春　卢永良　赵　珩

委　员

姚伟钧　杜　莉　王义均　艾广富　周继祥

赵仁良　王志强　焦明耀　屈　浩　张立华

二　毛

委 员

林百浚	闫 囡	杨英勋	尹亲林	彭正康	兰明路
胡 洁	孟连军	马震建	熊望斌	王云璋	梁永军
唐 松	于德江	陈 明	张陆占	张 文	王少刚
杨朝辉	赵家旺	史国旗	向正林	王国政	陈 光
邓振鸿	刘 星	邸春生	谭学文	王 程	李 宇
李金辉	范玖炘	孙 磊	高 明	刘 龙	吕振宁
孔德龙	吴 疆	张 虎	牛楚轩	寇卫华	刘彧戣
王 位	吴 超	侯 涛	赵海军	刘晓燕	孟凡字
佟 彤	皮玉明	高 岩	毕 龙	任 刚	林 清
刘忠丽	刘洪生	赵 林	曹 勇	田张鹏	阴 彬
马东宏	张富岩	王利民	寇卫忠	王月强	俞晓华
张 慧	刘清海	李欣新	王东杰	渠永涛	蔡元斌
刘业福	王德朋	王中伟	王延龙	孙家涛	郭 杰
张万忠	种 俊	李晓明	金成稳	马 睿	乔 博

《居家必用事类全集（饮食类）》
工作团队

统　筹

刘万庆

注　释

邱庞同　辛　鑫　韩　江

译　文

张可心　辛　鑫　韩　江

审　校

张之强

中国烹饪古籍丛刊
出版说明

国务院一九八一年十二月十日发出的《关于恢复古籍整理出版规划小组的通知》中指出：古籍整理出版工作"对中华民族文化的继承和发扬，对青年进行传统文化教育，有极大的重要性"。根据这一精神，我们着手整理出版这部丛刊。

我国的烹饪技术，是一份至为珍贵的文化遗产。历代古籍中有大量饮食烹饪方面的著述，春秋战国以来，有名的食单、食谱、食经、食疗经方、饮食史录、饮食掌故等著述不下百种，散见于各种丛书、类书及名家诗文集的材料，更是不胜枚举。为此，发掘、整理、取其精华，运用现代科学加以总结提高，使之更好地为人民生活服务，是很有意义的。

为了方便读者阅读，我们对原书加了一些注释，并把部分文言文译成现代汉语。这些古籍难免杂有不符合现代科学的东西，但是为尽量保持其原貌原意，译注时基本上未加改动；有的地方作了必要的说明。希望读者本着"取其精华，去其糟粕"的精神用以参考。

编者水平有限，错误之处，请读者随时指正，以便修订和完善。

中国商业出版社

1982 年 3 月

出　版　说　明

　　20 世纪 80 年代初，我社根据国务院《关于恢复古籍整理出版规划小组的通知》精神，组织了当时全国优秀的专家学者，整理出版了"中国烹饪古籍丛刊"。这一丛刊出版工作陆续进行了 12 年，先后整理、出版了 36 册。这一丛刊的出版发行奠定了我社中华烹饪古籍出版工作的基础，为烹饪古籍出版解决了工作思路、选题范围、内容标准等一系列根本问题。但是囿于当时条件所限，从纸张、版式、体例上都有很大的改善余地。

　　党的十九大明确提出："深入挖掘中华优秀传统文化蕴含的思想观念、人文精神、道德规范，结合时代要求继承创新，让中华文化展现出永久魅力和时代风采。"做好古籍出版工作，把我国宝贵的文化遗产保护好、传承好、发展好，对赓续中华文脉、弘扬民族精神、增强国家文化软实力、建设社会主义文化强国具有重要意义。中华烹饪文化作为中华优秀传统文化的重要组成部分必须大力加以弘扬和发展。我社作为文化的传播者，坚决响应党和国家的号召，以传播中华烹饪传统文化为己任，高举起文化自信的大旗。因此，我社经过慎重研究，重新系统、全面地梳理中华烹饪古籍，将已经发现的 150 余种烹饪古籍分 40 册予以出版，即这套全新的"中华烹饪古籍经典藏书"。

此套丛书在前版基础上有所创新，版式设计、编排体例更便于各类读者阅读使用，除根据前版重新完善了标点、注释之外，补齐了白话翻译。对古籍中与烹饪文化关系不十分紧密或可作为另一专业研究的内容，例如制酒、饮茶、药方等进行了调整。由于年代久远，古籍中难免有一些不符合现代饮食科学的内容和包含有现行法律法规所保护的禁止食用的动植物等食材，为最大限度地保持古籍原貌，我们未做改动，希望读者在阅读过程中能够"取其精华、去其糟粕"，加以辨别、区分。

我国的烹饪技术，是一份至为珍贵的文化遗产。历代古籍中留下大量有关饮食、烹饪方面的著述，春秋战国以来，有名的食单、食谱、食经、食疗经方、饮食史录、饮食掌故等著述屡不绝书，散见于诗文之中的材料更是不胜枚举。由于编者水平所限，书中难免有错讹之处，欢迎大家批评指正，以便我们在今后的出版工作中加以修订和完善。

中国商业出版社

2022 年 8 月

本书简介

　　《居家必用事类全集》为元代无名氏编撰的一部家庭日用大全式的"通书"。

　　全书共十集，以十天干为序第。其内容丰富多彩："训幼端蒙之法、孝亲敬长之仪、冠婚丧祭之礼、农圃占候之术、饮食肴馔之制、官箴吏学之条、摄生疗病之方，莫不毕具。信乎居家必用者也。"（明嘉靖本《居家必用事类全集》叙）

　　该书已集、庚集均为"饮食类"。又分为：诸品茶、诸品汤、渴水、熟水类、浆水类、法制香药、果实类、酒曲类、造诸醋类、诸酱类、诸豉类、酝造腌藏日、蔬食、肉食（其中又细分为：腌藏肉品、腌藏鱼品、造鲊品、烧肉品、煮肉品、肉下酒、肉灌肠红丝品、肉下饭品、肉羹食品几部分）、回回食品、女直食品、湿面食品、干面食品、从食品、素食、煎酥乳酪品、造诸粉品、庖厨杂用等三十多类。共收录了四百多种饮料、调料、乳制品、蔬菜、荤菜、糕点、面食、素食的制法。特别值得重视的是，书中专门列有回回食品、女直食品两类，对我们研究当时的少数民族饮食是大有裨益的。

　　该书中的饮食在烹饪史上颇有影响。如在其后成书的《多能鄙事》《饮馔服食笺》中，就转录了大量的《居家必用事类全集》中的饮料、菜点面种。直至清代，该书中所收菜点仍然为一些菜谱所转引。

关于《居家必用事类全集》一书的成书年代和作者，学术界一直存在着争议，或以为是明人之作。但是，明代学者田汝成"疑元时人为之"，《四库全书总目提要》根据其书中有大德五年吴郡徐元瑞《吏学指南序》以及《永乐大典》曾多次引用该书内容，将其断为元人著作。我们认为这是比较允当的。

本书是用中国国家图书馆特藏书室所藏之明刻本，并参阅明嘉靖本加以标点、注释和译文的。除个别明显错刻之字及异体字外，一般未作改动。

本书曾经由张之强先生审校。

中国商业出版社
2022年12月

目 录

己集

诸品茶

蔡襄①进《茶录》序

臣前因奏事，伏蒙②陛下谕臣先任福建转运使日所进上品龙茶③，最为精好。臣退念草木之微首辱陛下知鉴。若处之得地，则能尽其才④。昔陆羽⑤《茶经》，不第建安之品；丁谓⑥《茶图》，独论采造之本，至于烹试，曾未有闻。臣辄条数事，简而易明，勒成一篇，名曰《茶录》。伏惟⑦清闲之宴，或赐观采。臣不胜惶惧荣幸之至。

【译】前几天我有事向陛下上奏，承蒙陛下指点说，微臣之前任职福建转运使的时候，向朝廷进献的贡茶中以上品龙茶的品质为最精良。我告退回家后，经常想连茶叶这样细微的草木，都能得到陛下的关心照顾和鉴别欣赏，如果能受

---

① 蔡襄（公元1012—1067年）：福建仙游人。字君谟，宋天圣年间进士。在福建、开封、杭州等地做过官。善诗文，精书法。除《茶录》外，还有《荔枝谱》《蔡忠惠集》等著作。

② 伏蒙：俯伏在地蒙受之意。是古代下对上的一种谦词。

③ 上品龙茶：宋代福建名茶。为蔡襄所创制，呈小团状。欧阳修《送龙茶与许道人》："……我有龙团古苍璧，九龙泉深一百尺。凭君汲井试烹之，不是人间香味色。"

④ 尽其才：竭尽它的才气。

⑤ 陆羽（公元733—804年）：唐代复州竟陵（今湖北天门）人。一名疾，字鸿渐，又字季疵（cī）。所著之《茶经》为我国，也是世界上的第一部论述茶叶的科技专著。

⑥ 丁谓（公元962—1033年）：宋长洲人。字谓之，后改为公言，淳化进士。真宗时当过宰相，封为晋国公。曾撰过《北苑茶录》（又名《建安茶录》），书中有应用茶具的画图。

⑦ 伏惟：下对上的敬词。

重视且获得适合生长培育的环境，一定会竭尽它的才气。先朝陆羽的《茶经》，没有把福建一带的茶标明等级；本朝丁谓的《茶图》，也只论说了采摘、制茶的方法，至于烹饮、鉴别茶茗等，从来没有听到别人讲过。我选举了几条个人见解，简明扼要地写成一篇文章，起名为《茶录》。请陛下在清闲之时，能够赏读或者采用一部分。我万分惶恐也不胜荣幸之至。

一篇论茶品

色

茶色贵白。而饼茶多以珍膏油（去声）①其面，故有青、黄、紫、黑之异。善别茶者，正如相工②之视人气色也，隐然察之于内。以肉理③润者为上，既已末之④。黄白者受水昏重⑤，青白者受水鲜明。故建安人斗试⑥以青白胜黄白负。

【译】茶的颜色以纯白为最好。但饼茶大多用珍膏涂抹在饼表面上，所以就有了青、黄、紫、黑等多种颜色。善于

---

① 油（去声）：油，这里是动词，涂抹之意。去声，为原文之注。

② 相（xiàng）工：以相面为职业的人。

③ 肉理：质地。

④ 既已末之：已经碾成碎末之后。

⑤ 黄白者受水昏重：黄白色的茶泡后显得色彩重浊。这是对青白色的茶泡出后显得色泽鲜亮而言的。

⑥ 斗试：斗茶，比赛茶的好坏。江休复《江邻几杂志》："苏才翁尝与蔡君谟斗茶，蔡茶水用惠山泉，苏茶小劣，改用竹沥水煎，遂能取胜。"

鉴别茶叶品质的人，就像看相的人看了一下人的面色，就会立刻看透这人的内在本质。茶以质地润泽的为最好，茶已经碾成碎末之后，这些并不重要。黄白色的茶泡后显得色彩重浊，白色的茶泡出后显得色泽鲜亮，所以建安人比赛茶的好坏，认为青白色的品质要胜过黄白色的。

香

茶有真香。入贡者微以龙脑①和膏，欲助其香。建安民试茶，皆不入香，恐夺其真②。若烹点之际③，又杂珍果香草，其夺益甚④。

【译】茶本身具有天然的香味。进献朝廷的贡茶，常把冰片掺入茶膏里，来增加茶的香气。建安一带的人们制茶时，是不加香料的，因担心掩盖茶的天然香味。如果在煎茶、点茶的时候，再掺杂上各种珍果香草，对茶自身香味的影响就更厉害了。

味

茶味主于甘滑，惟北苑⑤凤凰山连属诸焙所产者味佳。隔溪诸山，虽及时加意制作，色味皆重，莫能及也。又，有

① 龙脑：冰片，又称龙脑香。为龙树分泌物的结晶体。其气味芳香，多作药用。

② 恐夺其真：担心掩盖茶的天然香味。夺，夺取。真，真香真味，指茶的固有气味。

③ 烹点之际：煎茶、点茶之时。古人饮茶，须将茶叶放在器皿中烹煮，故称煎茶或烹茶。点茶，即泡茶，也是古代吃茶的方法之一，工序比较复杂。

④ 甚：厉害。据《古今图书集成·茶部汇考》，在"甚"之后尚有"正当不用"一句，指不应在烹点茶时"杂珍果香草"。

⑤ 北苑：建安郡内产茶地区之名。

水泉不甘，能损茶味。前世之论水品者以此^①。

【译】茶味以甘甜爽口的为最好，只有福建的北苑凤凰山生产焙制出的茶味道最佳。由建溪隔开的其他山岭，虽然及时采摘、精心制作，但茶色、茶味都浓，比不上北苑凤凰山的茶品。还有，烹茶的泉水如果不清冽甘甜，也能损害茶的味道。前（唐）代论水品的作者已经涉及这个问题了。

右七纲^②。拣芽^③以四十饼为角^④，小龙凤^⑤以二十饼为角，大龙凤以八饼为角。每角圈以箬叶^⑥，束以红缕^⑦，包以红纸，缄以蒨绫^⑧。惟拣芽俱以黄^⑨焉。

【译】拣芽以四十饼为一角，小龙凤以二十饼为一角，

① 前世之论水品者以此：前代论水品的作者已经涉及这个问题了。

② 右七纲：本则内容系宋代《北苑别录》中的。原作"粗色七纲"。《北苑别录》一说为无名氏作，一说为宋赵汝砺撰。这里被《居家必用事类全集》的编者误编入蔡襄的《茶录》之中。

③ 拣芽：建安茶的品种之一。据宋徽宗赵佶著《大观茶论》"采择"："凡（茶）芽如雀舌谷粒者为斗品。一铊一旗为拣芽。"

④ 角：古代的计量单位。

⑤ 小龙凤：建安茶的品种之一。下文"大龙凤"同此。

⑥ 箬叶：箬竹的叶子。箬竹为竹的一种，叶子宽而大。叶子可以编制器物或竹笠，还可以包粽子。

⑦ 缕：线。

⑧ 缄以蒨（qiàn）绫：用绛色的绫封好。缄，封。蒨，同"茜"，这里指绛色。一本"蒨"作"茜"。

⑨ 黄：黄色。

大龙凤以八饼为一角。每角用竹叶圈住，扎着红线，用红纸包裹，用绛色的绫封好。只有拣芽全都是黄色的。

茶焙①

茶焙编竹为之，裹以蒻②叶，盖其上，以收火也。隔其中以有容也。纳火其下，去茶尺许，常温温然③，所以养茶色香味也。

【译】茶焙是用竹篾编织而成，表面裹上嫩蒲草叶，上面用盖盖好，用来聚积火气。中间有隔层，用以增加存茶的容量。焙茶时，炭火在茶焙底下，距离茶有一尺左右，要保持恒温，才能养护好茶的色、香、味。

《茶录》后序④

茶为物之至精，而小团又其精者，《录·序》所谓上品龙茶者是也。盖自君谟始造而岁贡焉，仁宗尤所珍惜。虽辅相之臣，未尝辄赐⑤。惟南郊大礼致斋之夕，中书枢密院⑥各四人共赐一饼。宫人剪金为龙凤花草贴其上。两府八座⑦分

---

① 茶焙：这是《茶录》"器论"中的一节。《居家必用事类全集》中对《茶录》仅作了节选。

② 蒻（ruò）：嫩蒲草。

③ 常温温然：一本无此句。

④ 《茶录》后序：放在《茶录》后的序文。宋欧阳修撰写。

⑤ 未尝辄赐：也不经常赏赐。

⑥ 中书枢密院：宋代的中央机构，分掌文武二柄，号称"二府"。

⑦ 两府八座：指中书、枢密院的八个当权者。

割以归，不敢碾试①。相②家藏③以为宝。时有佳客出而传玩尔。至④嘉祐七年⑤，亲享明堂斋夕，始人赐一饼。余亦忝预⑥。至今藏之。余自以谏官⑦供奉仗内，至登二府，二十余年才一获赐。而丹成龙驾、舐鼎⑧莫及。每一捧玩⑨，清血⑩交零⑪而已。因君谟⑫著录，辄附于后。庶知小团自君谟始，而可贵如此。

欧阳永叔⑬

【译】茶是植物中最好的，然而小团又是茶中最佳的，《录·序》中说的上品龙茶就是这样。自从君谟创制后，开始每年进贡了，仁宗就非常珍惜。不随便赏赐给身边辅佐的大臣。只有在南郊大礼斋戒的晚上，中书枢密院等四人一共

---

① 碾试：碾碎后烹煮。试，试烹。

② 相：彼此一本"相"字前有"宰"字。

③ 家藏：放在家里珍藏。

④ 至：本书中脱"至"字，据《古今图书集成》补。

⑤ 嘉祐七年：公元 1062 年。嘉祐，宋仁宗的年号。

⑥ 余亦忝预：我也惭愧地参与其中。欧阳修曾做过枢密副使，参知政事，所以他这样说。忝，惭愧，谦词。

⑦ 谏官：古时专规劝天子改正过失的官。

⑧ 舐（shì）鼎：比喻攀龙附凤。

⑨ 玩（wán）：人名用字。本意不详。

⑩ 清血：泪也。

⑪ 交零：俱下；齐下。

⑫ 君谟：蔡襄。

⑬ 欧阳永叔：欧阳修字永叔。

才赏赐一饼。宫人将图案为龙、凤、花、草的金饰贴在上面。大臣们分割后分别带回家，不敢弄碎了。放在家中当作宝贝收藏起来。在有贵客来的时候才拿出来欣赏。到了嘉祐七年，仁宗亲临明堂斋殿的时候，开始每位大臣赏赐一饼。我也在其中，到现在还一直收藏着。我自己认为是谏官且在皇宫内做事，官至两府，二十多年才能够获赐一饼。而攀龙附凤也达不到。每一次捧玩，都是泪水俱下。因蔡襄著书，总是附在后面。大家都知道小团从蔡襄创制开始，就已经这样受真爱了。

欧阳永叔

蒙顶[1]新茶

细嫩白茶五斤、枸杞英五两[2]（炒）、绿豆半斤（炒过）、米二合[3]（炒过）。

右[4]件焙干，碾，罗，合[5]。细煎点，绝奇。

【译】五斤细嫩的白茶、五两炒过的枸杞苗、半斤炒过的绿豆，两合炒过的米。

将以上这些物料焙干、碾碎，用罗筛过，再混合起来。

---

① 蒙顶：指四川邛崃山脉之中的蒙山。蒙顶茶汉代已有名，从唐代起入贡，一直沿至清朝。

② 五两：相当于今天的三两多，古时十六两为一斤。

③ 合（gě）：十分之一升。

④ 右：书竖排，故称前面为右。现横排，实际应改为"上"。

⑤ 碾，罗，合：碾碎，用罗筛过，再混合起来。

认真煎煮，非常好喝。

脑麝香茶

脑子①随多少，用薄藤纸裹，置茶盒上，密盖定。点供自然带脑香。其脑又可移别用②。取麝香壳安罐③底，自然香透，尤妙。

【译】将适量（随便多少）的冰片用薄的藤纸包裹，放在茶盒上，盖严实。取出献茶时自然带一些冰片的香味。未挥发完的冰片还可以取出来另作他用。将麝香壳放在罐底，自然会透出香气，非常好。

百花香茶

木犀、茉莉、桔花、素馨等花，又依前法薰之。

【译】木犀、茉莉、橘花、素馨等花，都是按照前面的方法薰制。

法煎香茶

上春④嫩茶芽，每五百钱重，以绿豆一升（去壳蒸焙）、山药十两，一处处细磨，别以脑麝⑤各半钱重入盘，

---

① 脑子：龙脑，即冰片。

② 其脑又可移别用：指未挥发完的冰片还可以取出来另作他用。

③ 罐：茶叶罐。

④ 上春：农历正月。

⑤ 脑麝：龙脑及麝香。

同研约二千杵，罐内密封，窨①三日后可以烹点②，愈久香味愈佳。

【译】选农历正月的嫩茶芽，每重五百钱，加入一升绿豆（要去壳蒸制并烘烤后的）、十两山药，一一细磨，再加入龙脑、麝香各半钱重新加入盘中，一并研磨大概两千杵，放入罐中密封，熏制三天后茶就可以烹点，熏制的时间越长香味越浓。

煎茶法

煎茶须用有焰炭火。滚起，便以冷水点住；伺再滚起，再点。如此三次，色味皆进③。

【译】煎茶是要用有火苗的炭火。水开后，便加入凉水来点住；等到水再开后，再点凉水。如此点三次，茶的色、味就都很好。

枸杞茶

于深秋摘红熟枸杞子，同干面拌和成剂，擀作饼样，晒干，研为细末。每江茶一两，枸杞末二两，同和匀，入炼化酥油三两，或香油亦可。旋添汤，搅成稠膏子④。用盐少许入锅，煎熟。饮之，甚有益及明目。

【译】选在深秋时候摘下的红且熟了的枸杞子，与干面

① 窨（xūn）：同"熏"。指用香料和香花等放在茶叶中，使茶叶染上香味。

② 烹点：指煎煮茶。

③ 进：很好。

④ 膏子：指膏状、糊状。

拌和成剂，擀成饼的样子，晒干后研成细末。每一两江茶加入二两枸杞末，一并和匀，加入三两炼化了的酥油，或者是香油也可以。逐渐加水，搅拌成较稠的糊状。再加入少许盐入锅，煎熟。喝了它，对身体很有益处并且明目。

擂①茶

将芽茶②汤浸软，同去皮炒熟芝麻擂极细，入川椒末、盐、酥油饼，再擂匀细。如干，旋添浸茶汤。如无油饼，斟酌以干面代之。入锅煎熟，随意加生栗子片、松子仁、胡桃仁。如无芽茶，只用江茶亦可。

【译】将芽茶用水泡软，与去皮、炒熟的芝麻一并研磨得极碎，加入川椒末、盐、酥油饼，再研磨均匀。如果太干，逐渐加泡茶水。如果没有油饼，可以考虑用干面代替。放入锅中煮熟，任意加入适量生栗子片、松子仁、胡桃仁。如果没有芽茶，只用江茶也可以。

兰膏茶

以上号③高茶④研细，一两为率。先将好酥⑤一两半溶化，倾入茶末内，不住手搅。夏月渐渐添冰水搅，水不可多

---

① 擂：研磨碎。

② 芽茶：指以纤嫩新芽制成的茶叶，即最嫩的茶叶。

③ 上号：上等。

④ 高茶：又叫野山茶，属于半乔木型茶树，主要集中在皖南山区旌德县境内，直距黄山风景区十公里。

⑤ 酥：酥油。

添，但一二匙尖足矣。频添无妨，务要^①搅匀。直至雪白为度^②。冬月渐渐添滚烫^③搅，春秋添温汤搅。加入些少盐，尤妙。

【译】将上等的高茶研磨细，一两为比例。先将一两半品质好的酥油溶化，倒入茶末内，不停地搅拌。夏天的时候逐渐加入冰水搅拌。水不要加得太多，一两匙尖就足够了。可以频繁地加水，一定要搅拌均匀。搅到颜色雪白为限度。冬天的时候逐渐加入开水搅拌，春天、秋天的时候加入温水搅拌。加入少许盐，味道更好。

酥签茶

将好酥于银、石器内溶化，倾入江茶末搅匀。旋旋^④添汤搅，成稀膏子。散在盏^⑤内，却着汤浸供之。茶与酥看客多少用^⑥。但酥多于茶些为佳。此法至简且易^⑦，尤珍美。四

居家必用事类全集（饮食类）

013

---

① 务要：必须要；一定要。

② 度：限度。

③ 滚烫：沸水，开水。

④ 旋旋：逐渐。

⑤ 盏：小杯子。

⑥ 茶与酥看客多少用：茶与酥的比例应视客人的喜好，或多或少，灵活配用。

⑦ 至简且易：（这种方法）最简单而且容易。

季看用汤造①。冬间造，在风炉子②上。

【译】将品质好的酥油放在银器或石器内溶化，倒入江茶末搅匀。逐渐加水搅拌，搅成稀的糊状。散在盏内，但要有水浸泡着。茶与酥的比例应视客人的喜好，或多或少，灵活配用。但酥比茶多一些更好。这种方法煮茶最简单而且容易，味道非常好。一年四季加水时，要随季节掌握好水的温度。冬天的时候做酥签茶，要在风炉子上做。

合足味茶法

梦溪沈内翰③歌括④云：

甘三苦四妙通神（甘草三两、苦参四两），

五斤干茶五斤蒸（干茶叶五斤、蒸过茶五斤）。

绿豆四升同捣合（豆炒过），

此方宜利胜⑤烧银⑥。

【译】（略）

---

① 四季看用汤造：意为一年四季加水时，要随季节掌握好水的温度。

② 风炉子：原是唐代一种专用于煮茶的炉子。形如古鼎，有三足两耳，炉内有厅，可放置炭火，炉身下腹有三孔窗孔，用于通风。上有三个支架（格），用来承接煎茶或烧水煮饭。炉底有一个洞口，用以通风出灰，其下有一只铁质的簸箕用于承接炭灰。

③ 梦溪沈内翰：指宋代的政治家、科学家沈括。他曾任翰林学士。晚年在江苏镇江建梦溪园定居。其名著为《梦溪笔谈》。

④ 歌括：犹歌诀。可以咏歌而有韵律的口诀。

⑤ 胜：胜过。

⑥ 烧银：指炼丹求长生一类的事。

制孩儿香茶法

孩儿茶[①]（一斤。研极细，罗过用）。

白豆蔻仁[②]（四钱。研为细末）。

粉草[③]（炙。三钱，碾为细末）。

沉香[④]（半两。劈成三锭子，插入鹅梨[⑤]内，用纸裹了，水湿过，灰火内煨梨熟为度。取出沉香，晒干，为细末。用三钱和之。留梨汁，制麝香用）。

寒水石[⑥]（半斤。炭火内煅[⑦]红。先将薄荷叶四两水浸湿透，铺在纸上，将煅过寒水石放在叶上，裹了，放冷取出。秤五钱与脑子同研。余者待后次用之。叶弃去不用。此脑子法也，无此则脑子气味去矣）。

荜澄茄[⑧]（三钱。研为细末）。

麝香（二钱。拣去毛，令净。研开，用原制沉香梨汁和

---

① 孩儿茶：又称儿茶。豆科，落叶小乔木，有刺。木材红色，坚硬，煎汁干后得棕色块，称"儿茶"。可供药用。有收敛、止血、镇痛作用。

② 白豆蔻仁：白豆蔻的果实。其味芳香，有健胃、促进消化、化湿、止呕等功效。

③ 粉草：粉甘草。

④ 沉香：沉香树木质中偶有黑色芳香性的脂膏凝结，木质因此变化而重量增加，气味芳香，放在水中能下沉，就是沉香。有行气止痛、降气止呕及平喘等功效。

⑤ 鹅梨：梨之一种，皮薄多浆，香味浓郁。

⑥ 寒水石：又名"凝水石"。一种石矿，硫酸盐类矿物，可提炼出石膏，却不能直接称石膏，由于硬度低，只含玉质，不含水晶。味辛、咸，性大寒。有清热泻火、除烦止渴的功效，又能利尿凉血。

⑦ 煅（duàn）：放在火里烧，一种中药制法。

⑧ 荜澄茄：胡椒科。中医学上以干燥果实入药，性温，味辛，有温中降逆的功用。

为泥，摊在瓷盏内或银器内，上用纸糊口，用针透十数孔，慢火焙干，研为末。再于盏内焙热，合和前科[1]。其香满室。此其法也）。

川百药煎[2]（半两。为末。将以上四件和匀，瓷器收贮。勿泄味）。

梅花片脑[3]（三钱。米脑[4]亦可用。制过寒水石同研，和拌入料）。

右将洁净高糯米一升，煮极烂稠粥，擂细，冷定，用绢绞取浓汁和剂。须要硬。干净捶帛石上捶三五千下，捶多愈好。故名"千捶膏"。却用白檀煎油，抹印脱造成[5]。放于透风处悬吊三日。刷光瓷器贮。

【译】孩儿茶（一斤。要研磨得极细，用罗筛过再用）。

白豆蔻仁（四钱。要研磨成细末）。

粉草（烤过。三钱，要碾成细末）。

沉香（半两。要劈成三个锭子状，插入鹅梨内，用纸包裹好，再用水湿过，放入灰火内将梨煨熟为限度。取出沉香，晒干，碾成细末。取三钱来用。留下梨汁，制麝香

---

① 科：疑为"料"之误。应指前面的原料。

② 川百药煎：四川产的百药煎。百药煎为中药"五倍子"的制剂。功效与"五倍子"相同，味苦、酸，性平，能收敛、杀虫，亦能除风热。

③ 梅花片脑：像梅花状的优质冰片。

④ 米脑：碎的冰片。

⑤ 抹印脱造成：将诸种拌匀的原料放在抹过油的模子中压制后倒出而成。抹，指在模子中涂油。印脱，模子。

时用）。

寒水石（半斤。要在炭火内煅烧。先将四两薄荷叶在水中浸湿，铺在纸上，将煅过的寒水石放在薄荷叶上，包裹好，放凉后取出。称出五钱寒水石与冰片一同研磨。剩下的留着以后再用。薄荷叶扔了不用。这是加入冰片的方法，没有薄荷叶也就没有冰片的味道）。

荜澄茄（三钱。要研磨成细末）。

麝香（两钱。将麝香拣去毛，整治干净。研开，与之前制作的沉香梨汁调和成泥，摊在瓷盏内或银器内，上面用纸糊口，用针将纸扎透十多个孔，用慢火焙干，研磨成末。再在瓷盏内焙热，与前面的料一并调和。满屋子都是香气。这就是制作方法）。

四川产百药煎（半两。要研成末。将以上四种料调和匀，用瓷器收贮。不要漏气跑味）。

梅花状的优质冰片（三钱。碎的冰片也可用。与制好的寒水石一同研磨，调和拌入料）。

再将一升干净的优质糯米，煮至极烂成稠粥，研磨碎，凉了以后，用绢绞取浓汁来和成剂子。一定要硬。在干净的捶帛石上捶三五千下，捶得越多越好，故名"千捶膏"。但要用白檀煎油，将诸种拌匀的原料放在抹过油的模子中压制后倒出而成。放在通风处悬挂三天。装入洗净刷光的瓷器中存贮。

诸品汤

天香汤

白木犀①盛开时，清晨带露用杖打下花，以布被盛之，拣去蒂萼，顿②在净瓷器内。候极聚多，然后用新砂盆擂烂如泥（一名"山桂汤"，亦名"木犀汤"，并同③）：

木犀（一斤），盐（炒。四两），粉草（炙。二两）。

右件④拌匀，置瓷瓶中密封。曝七日⑤。每用，沸汤点服。

【译】在银桂花盛开的时候，清晨用木棍将带着露水的花打下，用布被来盛，拣去银桂花的蒂萼，放在干净的瓷器里。等凑多了后，用新砂盆将银桂花擂烂成泥（名叫"山桂汤"，也叫"木犀汤"，全同）：

桂花（一斤），盐（炒过。四两），粉草（烤过。二两）。

以上原料拌均匀，放入瓷瓶中密封。曝晒七天。每次用时，开水点服。

---

① 白木犀：银桂。

② 顿：原作"头"。据他本改。

③ 并同：全同。

④ 右件：指以上原料。下同。

⑤ 曝七日：晒七天。

暗香汤①

梅花将开时，清旦②摘取半开花头，连蒂，置瓷瓶内。每一两重，用炒盐一两洒之。不可用手漉坏。以厚纸数重密封，置阴处。次年春夏取开，先置蜜少许于盏内，然后用花二三朵置于中。滚汤一泡，花头自开如生③，可爱。

【译】清晨，在梅花即将开放时，摘取半开的花头，连着蒂，放入瓷瓶内。每一两重的梅花，撒上一两炒盐。不要用手将梅花漉坏。用数层厚纸密封瓷瓶，放置在阴凉的地方。第二年春夏时节将瓷瓶取出打开，先加入少许蜜在盏内，然后将两三朵梅花放在里面。用开水冲泡，花头自行开放就像新鲜的一样，非常可爱。

须问汤

东坡居士歌括云：

半两生姜（干用）一升枣（干用，去核），

三两白盐（炒黄）二两草④（炙，去皮）。

丁香木香各半盏，约量陈皮一处捣（去白）。

煎也好，点⑤也好，

---

① 暗香汤：宋代诗人林逋《山园小梅·其一》诗中有"疏影横斜水清浅，暗香浮动月黄昏"之句。故此称梅花制作的汤为"暗香汤"。

② 清旦：清晨。

③ 生：新鲜的。

④ 草：甘草。

⑤ 点：点茶。即用以泡茶。

红白容颜直到老。

【译】（略）

杏酪汤

板杏仁用三两半，百沸汤^①二升浸盖。却候冷，即便^②换沸汤。如是五度了^③。逐个掐去皮尖，入小砂盆子内细研。次用好蜜一斤，于铫子^④内炼三两沸，看涌，掇退^⑤。候半冷，旋倾入杏泥，又研。如是^⑥，旋添入，研和匀。

【译】用三两半板杏仁，加入两升百沸汤盖好浸泡。一旦冷后，就立即换沸水。像这样进行五次，这道工序就结束了。逐个掐去杏仁的皮尖，放入小砂盆内研磨成杏泥。再用一斤品质好的蜜，放入铫子里煮两三开，看到冒泡，将炼蜜的铫子端开离火。等到半凉，慢慢倒入杏泥，再研磨。像这样，逐渐加入杏泥，研磨和匀。

凤髓汤

润肺、疗咳嗽。

---

① 百沸汤：久沸的水。

② 即便：这里是立即的意思。

③ 如是五度了：像这样进行五次，这道工序就结束了。五度，这里指五次。了，结束之意。

④ 铫（diào）子：煎药或烧水用的器具，形状像比较高的壶，口大有盖，旁边有柄，用沙土或金属制成。也作吊子。

⑤ 掇（duó）退：一本作"掇起"。谓将炼蜜的铫子端开离火。掇，这里为双手拿东西之意。

⑥ 如是：如此，像这样。

松子仁、胡桃肉（汤浸，去皮。各用一两）、蜜（半两）。

右件研烂，次入蜜和匀。每用，沸汤点服。

【译】凤髓汤有润肺、治咳嗽的功效。

松子仁、胡桃肉（用水浸泡，去皮。各用一两）、蜜（半两）。

以上原料研磨烂，再加入蜜和匀。每次用时，开水点服。

醍醐[①]汤

止渴生津（倪公望县书方）。

乌梅（一斤。捶[②]碎，用水两大碗同熬作一碗，澄清，不犯铁器[③]），缩砂（半斤。碾），白檀末（二钱），麝香（一字[④]），蜜（五斤）。

右将梅水、缩砂、蜜三件一处，于砂石器内熬之。候赤色为度。冷定，入白檀、麝香。

【译】醍醐汤有止渴生津的功效（倪公望县书方）。

乌梅（一斤。捶碎，加入两大碗水熬成一碗，澄清，

---

① 醍（tí）醐（hú）：古代指从牛奶中提炼出的精华，佛教比喻最高的佛法。这里是借用醍醐形容汤的精美。

② 捶：原本作"搥"，用拳头或棒槌敲打。

③ 不犯铁器：指乌梅及乌梅汁不要碰到铁质器皿。

④ 一字：用唐代"开元通宝"钱币（币上有"开元通宝"四字分列四周）抄取药末，填去一字之量。即一钱币的四分之一量。

不要碰到铁质器皿），缩砂（半斤。碾碎），白檀末（两钱），麝香（一字），蜜（五斤）。

将乌梅水、缩砂、蜜三种原料放在一起，在砂石器内熬制。一直熬到红色为止。冷定，加入白檀、麝香即可。

水芝汤

通心气，益精髓。

干莲实[1]（一斤。带皮，炒极燥，捣，罗为细末），粉草（一两。微炒）。

右为细末，每二钱入盐少许。沸汤点服。莲实捣、罗，至黑皮如铁不可捣，则去之。世人用莲实去黑皮及涩皮并心，大为不便。黑皮坚气而涩皮任精[2]。世人多不知也。此汤夜坐过饥气乏，不欲取食，则饮一盏，大能补虚助气。昔仙人务光子服此得道。

【译】水芝汤有通心气、益精髓的功效。

干莲子（一斤。带皮，炒得非常干，捣碎，用罗筛成细末），粉草（一两。微炒过）。

以上原料捣成细末，每两钱加入少许盐。开水点服。莲子捣碎后用罗筛成细末，如果有黑皮且坚硬的莲子应该扔掉，不可以捣。一般的人去除莲子的黑皮、涩皮和心，不是很方便。黑皮坚硬而涩皮任精。一般人有很多都不知道。夜

① 莲实：莲子。

② 任精：何意不详。

晚坐久了出现饥饿且气乏体虚的情况，不想进食，喝一盏水芝汤，很能补虚助气。过去仙人务光子就是服此汤得道的。

茉莉汤

用蜜一两重、甘草一分、生姜自然汁①一滴，同研，令极匀。调涂在碗中心，抹匀，不令洋流。每于凌晨采摘茉莉花二三十朵，将放蜜碗，盖其花，取其香气熏之。午间乃可以点用。

【译】将一两重的蜜、一分甘草、一滴生姜自然汁，一同研磨，要研磨得极匀。然后调涂在碗的中心，抹匀，不要让其洋流。在每天凌晨采摘二三十朵茉莉花，放入蜜碗中，盖上茉莉花，用它的香气熏蜜碗。到了中午就可以点服了。

木香苦汤

王百一②承旨③常服汤药。

片子姜黄（四两），缩砂（半两），木香（半两），白荳蔻仁（半两），藿香叶④（半两），白檀（半两），甘草（一两半），陈皮（去白。半两），青皮（去白。半两），

① 生姜自然汁：生姜洗净后捣烂，绞取的汁。

② 王百一：人名。事迹不详。

③ 承旨：官名。

④ 藿香叶：为唇形科多年生草本植物，其全草入药有止呕吐、治霍乱腹痛、驱逐肠胃充气、清暑等功效。

川练子①（半两），黄芪（半两），香附子②（去毛，炒。一两），白扁豆（去皮，蒸熟，焙干，秤一两）。

右细末。每服一二钱。空心③沸汤点服。

【译】（略）

香橙汤

宽中④，快气⑤，消酒。

大橙子（二斤。去核，切作片子，连皮用），檀香末（半两），生姜（五两。切半片子，焙干），甘草末（一两）。

右二件⑥用净砂盆内研烂如泥，次入白檀末、甘草末，并和作饼子，焙干，碾为细末。每用一钱，盐少许，沸汤点服。

【译】香橙汤有宽中、快气、消酒的功效。

大橙子（两斤。去核，切成片状，连皮一起用），檀香末（半两），生姜（五两。切成半片状，微火烘干），甘草末（一两）。

---

① 川练子：楝科植物川楝的干燥成熟果实。冬季果实成熟时采收，除去杂质，干燥。有舒肝、行气、止痛、驱虫的功效。

② 香附子：香附，原名"莎草"，始载于《名医别录》，列为中品。《唐本草》始称香附子。为莎草的根茎，可入药。性平、味辛微苦，有疏肝、止痛、调经解郁的功效。

③ 空心：没吃东西，空着肚子。

④ 宽中：宽心。

⑤ 快气：指能治一切气疾。

⑥ 右二件：依下文，应指大橙子和生姜。

先将大橙子、生姜放在干净的砂盆里研磨成像泥一样的烂，再加入白檀末、甘草末，和匀做成饼子，用微火烘干，碾成细末。每用一钱，加少许盐，开水点服。

橄榄汤

止渴生津。

百药煎①（一两），白芷②（一钱），檀香（一钱），甘草（炙。一两）。

右件捣为细末，沸汤点服。

【译】（略）

豆蔻汤

治一切冷气心腹胀满、胸膈痞滞、哕逆呕吐、泄泻虚滑、水谷不消、困倦少力、不思饮食（出《局方》③）。

肉豆蔻仁（二斤。面裹、煨），甘草（炒。二斤十二两），白面（炒。一斤半），丁香枝杖④（一斤十二两），盐（炒。三斤四两）。

右为末。每服一钱，沸汤点服。食前⑤。

---

① 百药煎：中药的一种。它是由五倍子同茶叶等经发酵制成的块状物，主要用于呼吸系统以及消化系统的治疗与调理。

② 白芷（zhǐ）：一种属于伞形科的多年生草本植物。根部作药用，气味芳香，俗称"香白芷"。有发汗、祛风湿、解毒等功效。

③《局方》：医方书名。宋代有官修《和剂局方》。

④ 丁香枝杖：丁香枝，有理气散寒、温中止泻的功效。

⑤ 食前：饭前服用。

【译】豆蔻汤有治一切冷气心腹胀满、胸膈痞滞、哕逆呕吐、泄泻虚滑、水谷不消、困倦少力、不思饮食的功效（出自《局方》）。

肉豆蔻仁（两斤。用面裹，煨过），甘草（两斤十二两。炒过），白面（一斤半。炒过），丁香枝（一斤十二两），盐（三斤四两。炒过）。

将以上原料碾成末。每服一钱，开水点服。要在饭前服用。

解醒汤

中酒[①]后服之（东垣李明之[②]方。妙绝。其孙李信之传）。

白茯苓（一钱半），白豆蔻仁（半两），木香（半钱），桔红（一钱半），莲花青皮（三分），泽泻[③]（二钱），神曲[④]（一钱。炒黄），缩砂仁（半两），葛花（半

---

① 中酒：醉酒。

② 东垣李明之：李杲（gǎo），字明之，真定（今河北正定）人，晚年自号东垣老人，生于1180年，卒于1251年。他是中国医学史上"金元四大家"之一，是中医"脾胃学说"的创始人，他十分强调脾胃在人身的重要作用，因为在五行当中，脾属于中央土，因此他的学说也被称作"补土派"。据《元史》记载："杲幼岁好医药，时易人张元素以医名燕赵间，杲捐千金从之学"。

③ 泽泻：多年生水生或沼生草本。全株有毒，地下块茎毒性较大。花较大，花期较长，可用于花卉观赏，亦可入药。主治肾炎水肿、肾盂肾炎、肠炎泄泻、小便不利等症。

④ 神曲：由杏仁、赤小豆、青蒿、苍耳、红蓼等五味中药加入面粉混合后，经过发酵而成的曲剂，由于加上面粉一共六种成分，所以称为六神曲。神曲的主要功效是消食开胃、健脾和中，可以用于消化不良、食积、胸闷腹胀、呕吐腹泻、产后瘀血未排净所致腹痛、小儿腹部胀大硬满。

两），猪苓①（去黑皮。半钱），干生姜（二钱），白术②（二钱），人参（一钱）。

右为细末，和匀。每服二钱半，白汤③调下。但得微汗，酒疾去矣。不可多食。

【译】醉酒后服用（李杲的方子。非常好。由李杲的孙子李信传下来）。

白茯苓（一钱半），白豆蔻仁（半两），木香（半钱），橘红（一钱半），莲花青皮（三分），泽泻（两钱），神曲（一钱。要炒黄），缩砂仁（半两），葛花（半两），猪苓（半钱。要去掉黑皮），干生姜（两钱），白术（两钱），人参（一钱）。

将以上原料碾成细末，调和匀。每服两钱半，用白开水调下。如果有微汗，就醒酒了。不要多食。

干木瓜汤

除湿，止渴，快气（出李氏方④）。

干木瓜（去皮，净。四两），白檀（一两），沉香（半

---

① 猪苓：中药名，别名豕苓、粉猪苓、野猪粪、地乌桃、猪茯苓、猪灵芝等。籽实体幼嫩时可食用，味道十分鲜美。其地下菌核黑色、形状多样，是著名中药，有利尿治水肿之功效。

② 白术：中药名，别名桴蓟、于术、冬白术、浙术、杨桴、吴术、片术、苍术等。白术具有健脾益气、燥湿利水、止汗、安胎的功效，用于脾虚食少、腹胀泄泻、痰饮眩悸、水肿、自汗、胎动不安。

③ 白汤：白开水。

④ 李氏方：李杲之方。下同。

两），茴香（炒。一两），白豆蔻（半两），缩砂仁（一两），粉草（炙。二两半），干生姜（二两）。

右为极细末。每用半钱，加盐，沸汤点服。

【译】（略）

无尘汤

（并李氏方）

水晶糖霜①（二两），梅花片脑（二分）。

右将糖霜乳细②罗过，入脑子再研匀。每用一钱，沸汤点服。如点带香汤茶，必须当面烹点。不可多，多则令人厌，少则有余。不足存焉。慎勿背地烹点供上，如背处烹点，则香气已散矣。

【译】水晶糖霜（二两），梅花状的优质冰片（两分）。

先将糖霜放在乳钵内研极细且用罗筛过，加入冰片再研磨匀。每用一钱，开水点服。如果要汤带着香味，必须当面来烹点。汤的量不能多，如果量多就会令人厌烦，少了就会剩下，又不够储存的。千万不要将汤背地里烹点再拿给客人，如果背地里烹点，汤的香气就已散失了。

熟梅汤

黄梅（十斤），青椒（四两），盐（一斤），粉草末（六两），姜汁（一小碗）。

---

① 糖霜：在我国古代，糖霜是指由甘蔗熬制的糖与冰糖。而现在的"糖霜"往往是对西式糕点上涂抹的某种糖制调味品的称呼。

② 乳细：指把糖霜放在乳钵内研极细。

右件拌匀，日晒①半月，瓷器收贮。

【译】（略）

绿云汤

荆芥穗（四两），白术、粉草（各二两）。

右为末，入盐，点服。

【译】（略）

檀香汤

膏子一分，檀香细末三钱，脑麝②少许，研细。入生姜
自然汁三两同研，投入膏内。沸汤点服。

【译】（略）

丁香汤

入丁香细末三钱。余依前法。

【译】（略）

辰砂汤

入辰砂③细末三二钱，看颜色如何。脑麝依前法。

【译】（略）

胡椒汤

入胡椒细末一两，脑麝并依前法。

【译】（略）

---

① 日晒：在太阳下晒。

② 脑麝：龙脑与麝香的并称。亦泛指此类香料。

③ 辰砂：又称朱砂、丹砂、赤丹、汞沙，中药材。具有镇静、安神和杀菌等功效。
是中国古代炼丹的重要原料。

缩砂汤

入缩砂细末二两半，丁香、干姜末少许。不用脑麝。

【译】（略）

茴香汤

入炒茴香细末一两，檀香、干枣末少许。不用脑麝。以上只看滋味如何，随意加减。

【译】（略）

仙术汤

辟瘟疫，除寒湿，温脾胃，进饮食（出《局方》）。

苍术（去皮。十二斤。米泔水①浸，焙），枣（去核。六升），杏仁（去皮尖，炒。斤半），粉草（炙。三斤半），干姜（五两。炮②），盐（六斤四两）。

右为细末，入杏仁和匀。每服一钱，沸汤点服。常服，延年益寿，明目驻颜，轻身不老。

【译】仙术汤有辟瘟疫、除寒湿、温脾胃、增进饮食的功效（出自《局方》）。

苍术（十二斤。去皮，用淘米水浸泡，用微火烘过），枣（六升。去核），杏仁（一斤半。去皮尖，炒过），粉草（三斤半。烤过），干姜（五两。炮过），盐（六斤四两）。

---

① 米泔水：淘米水。

② 炮（páo）：炮制中药的一种方法，把生药放在热铁锅里炒，使它焦黄爆裂，如用这种方法炮制的姜叫炮姜。

以上原料碾成细末，加入杏仁和匀。每服一钱，开水点服。如果常服，能延年益寿、明目驻颜、轻身不老。

荔枝汤[①]

（出李氏方）

乌梅（半斤。洗净，熬，去核，滤去滓），沙糖（二斤。熟水[②]化作汁，滤去滓），桂末（三钱），干生姜末（半两），丁香末（一钱）。

右将糖、梅汁合和了，银、石器内熬耗一半。然后入丁、桂，姜末，再熬成膏。入净器收贮。

【译】乌梅（半斤。洗净，熬制，去核，滤去渣滓），砂糖（两斤。用开水化成汁，滤去渣滓），桂末（三钱），干生姜末（半两），丁香末（一钱）。

将糖、梅汁合在一起调和后，放入银器或石器内熬制后剩一半。然后加入丁香末、桂末、干生姜末，再熬成膏。放入干净的容器内收贮。

温枣汤

（出李氏方）

大枣（一斤。去核，用水五升熬汁），蜜，生姜汁。

---

① 荔枝汤：本品正文中未见荔枝，或有错漏，或谓此汤有荔枝味。

② 熟水：开水。

右将三味调停①和美②，再入银器内，令稀稠得所③。入麝香少许。每盏抄一大匙，沸汤点服。

【译】大枣（一斤。去核，用五升水熬成汁），蜜、生姜汁适量。

将三种原料调和均匀合适，再放入银器内，使汁稀稠适当。加入少许麝香。每盏取一大匙，开水点服。

香苏汤
（出李氏方）

干枣（一斗。去核，擘④碎），紫苏叶（半斤），木瓜（五个。去皮、穰，捣碎）。

右件一处再捣匀，分作五份。内将一分匀摊在竹箩内，烧滚汤泼淋下汁，尝瓜、枣无味了，去却⑤。别换好者一分，依上泼之。以味尽为度。将淋下汁慢火银、石器内熬成膏子。冷热任用⑥。

【译】干枣（一斗。去核，掰碎），紫苏叶（半斤），木瓜（五个。去皮、穰，捣碎）。

以上原料放在一起再捣匀，分成五份。取一份均匀地摊

---

① 调停：这里指三料调和。

② 和美：得体。

③ 得所：适当；适宜。

④ 擘（bāi）：同"掰"。

⑤ 去却：这里指瓜、枣无味了，便扔掉。

⑥ 任用：随意用。

在竹箩内，烧开水泼在捣匀的原料上且收集淋下的汁水，尝瓜、枣没有味道了，便扔掉原料。再换另一份捣匀的原料，按照前面方法继续泼开水。均以瓜、枣没有味道为限度。将淋下的汁水用慢火在银器或石器内熬成膏子。凉服或者热服都可以。

地黄膏子汤

生地黄①肥大者，于秋暮冬初②采取，净洗，折碎。入石臼③中，以木杆捣烂，榨取汁，入砂石器内熬至浮沫起，皆掠去，至净。煎至三分去二④。别换银石小器，慢火煎至滴入水不散为度。造时始末不犯铜、铁器。于净瓷器内收贮。入檀香末并脑麝少许。或云入蜜熬者，并入酒中同饮，极妙。亦可沸汤点服。（出李氏方）

【译】选用较肥大的生地黄，在秋末冬初的时候采取，洗干净，折碎。放入石臼中，用木棍捣烂，再榨取生地黄汁，再将汁放入砂石器内熬至起浮沫，将浮沫撇去，撇干净。将汁熬至三分之一。另换银石小器皿，用慢火熬至滴入水且水不散为限度。制作过程自始至终都不要碰到铜、铁

---

① 地黄：玄参科植物地黄的新鲜或干燥块根。秋季采挖，除去芦头、须根及泥沙，鲜用；或将地黄缓缓烘焙至约八成干。前者习称鲜地黄，后者习称生地黄。地黄有清热凉血、养阴、生津的功效。用于热病舌绛烦渴、阴虚内热、骨蒸劳热、内热消渴、吐血、衄血、发斑发疹。

② 秋暮冬初：指秋末冬初。

③ 石臼：以各种石材制造的，用以砸、捣、研磨药材食品等的生产工具。

④ 三分去二：就是剩下三分之一的意思。

器。熬好后放入干净的瓷器内收贮。加入檀香末和少许龙脑、麝香。有人说加入蜂蜜来熬制后，倒入酒中同饮，非常好。也可以开水点服。（出李氏方）

轻素汤

干山药（三两），甘草（一两），莲子肉（半斤。汤浸，去紫皮并心子，洗净、白）。

右日干[①]，为细末，生[②]龙脑少许。沸汤点服。

【译】（略）

沃雪汤

缩砂仁（二两），甘草（半两），鸡苏[③]叶（三两），荆芥穗（一两半），天花粉[④]甜者二钱（瓜蒌根也）。

为末，汤点。

【译】（略）

① 日干：晒干。

② 生：此字有误。疑应为"加""入"等字。

③ 鸡苏：草名。即水苏。其叶辛香，可以烹鸡，故名。

④ 天花粉：为葫芦科植物栝蒌的根，是一种中药，其具体功效是清热泻火、生津止渴、排脓消肿。

渴水①
（番名"摄里白"）

御方渴水

官桂、丁香、桂花、白豆蔻仁、缩砂仁（各半两），细曲②、麦蘖③（各四两）。

右为细末。用藤花④半斤、蜜十斤炼熟、新汲水⑤六十斤。用藤花一处锅内熬至四十斤，生绢⑥滤净。用小口瓮一个，生绢袋盛前项七味末，下入瓮，再下新水四十斤，并已炼熟蜜。将瓮口封了。夏五日、秋春七日、冬十日熟。若下脚⑦时，春秋温、夏冷、冬热。

【译】官桂、丁香、桂花、白豆蔻仁、缩砂仁（各半两），细曲、麦蘖（各四两）。

将七味中药碾成细末。取半斤藤花、十斤炼熟的蜜、六十斤刚打的井水。把藤花、井水一并放入锅内熬至四十

---

① 渴水：元代称作"摄里白"，又称作"舍儿别"，系阿拉伯语音译。指解渴的果子露类饮料。

② 细曲：似指神曲。

③ 麦蘖：中药名，出自《日华子诸家本草》，为《本草纲目》记载的麦芽之别名。

④ 藤花：蝶形花科紫藤属下的一种，大型落叶木质藤本。具有很高的观赏价值。古代女子常作为发饰使用。

⑤ 新汲水：刚打的井水，可以入药。有镇心安神、治口臭之功效。

⑥ 生绢：未漂煮过的绢。

⑦ 下脚：似指饮用。

斤，用生绢过滤干净。取一个小口瓮，将前项七味中药末装入生绢袋，下入瓮中，再下新水四十斤，并下入已炼熟的蜜。将瓮口封住。夏天经过五天、春秋经过七天、冬天经过十天就熟了。如果服用时，春秋要温服、夏天要冷服、冬天要热服。

林檎①渴水

林檎微生者不计多少，擂碎。以滚汤就竹器放定擂碎，林檎冲淋下汁滓无味为度。以文武火熬，常搅，勿令爆②了。熬至滴入水不散，然后加脑麝少许，檀香末尤佳。

【译】取林檎微生的不论数量多少，擂碎。将林檎放在竹器中擂碎，用开水泼林檎，冲淋下汁水，至林檎滓没有味道为限度。将冲淋下的汁水用文、武火交替熬制，要不断地搅动，不要熬干。熬至滴入水而林檎汁不散时，加入少许龙脑、麝香，加入适量檀香末更好。

杨梅渴水

杨梅不计多少，探搦③取自然汁，滤至十分净。入砂石器内，慢火熬浓，至入水不散为度。若熬不到则生白醭④。贮以净器。用时，每一斤梅汁入熟蜜三斤、脑麝少许。冷热

---

① 林檎（qín）：花红。果实球形，像苹果而小，黄绿色而微红。

② 爆（bó）：煎炒或烤干食物。

③ 搦（nuò）：握，持，捏。

④ 若熬不到则生白醭（bú，旧读 pú）：如果梅汁熬不到火候，将来就已生白色的霉。醭，醋、酱油等表面生的白色的霉。

任用。如无蜜，球糖①四斤入水熬过亦可。

【译】杨梅不论数量多少，捏取自然汁，过滤至十分干净。放入砂石器内，用慢火熬浓，熬至滴入水而杨梅汁不散为限度。如果梅汁熬不到火候，将来就会生白色的霉。熬好贮存在干净的容器内。用的时候，每一斤梅汁加入三斤熟蜜、少许龙脑和麝香。冷服、热服均可。如果没有蜜，用四斤球糖入水熬也可以。

木瓜渴水

木瓜不计多少，去皮、穰、核，取净肉一斤为率，切作方寸大薄片。先用蜜三斤或四五斤，于砂石银器内慢火熬开，滤过。次入木瓜片，同前。如滚起泛沫，旋旋掠去。煎两三个时辰，尝味。如酸，入蜜，须要甜酸得中②。用匙挑出，放冷器内。候冷，再挑起，其蜜稠硬如丝不断者为度。若火紧③则焦，又有涌溢④之患，其味又不加⑤，则焦煿气。但慢火为佳。

【译】木瓜不论数量多少，均去除皮、穰、核，取一斤净肉为比例，切成一寸见方的大薄片。先将三斤或四五斤蜜，放入砂石银器内用慢火熬开，过滤。再下入木瓜片，方

---

① 球糖：糖球。主要是由山楂和白糖制作而成。

② 得中：合适；正好。

③ 火紧：指火大。

④ 涌溢：指液体涌流而出。

⑤ 加：疑为"佳"之误。

法同前。如果汁开起并泛沫，慢慢撇去沫。熬两三个时辰后，尝尝味道。如果口味酸，就加些蜜，一定要甜酸适度。熬好后用匙子挑出，放到冷器内。晾凉后，再挑起，蜜的稠硬度就像丝一样不断就可以了。如果火候太大蜜就会熬煳，又有外溢的隐患，味道又不好，有焦煳的味道。用慢火熬制最好。

五味渴水

北五味子①肉，一两为率。滚汤浸一宿，取汁同煎。下浓至汁对当②的颜色恰好，同炼熟蜜对入，酸甜得中，慢火同熬一时③许。凉热任用。

【译】取北五味子肉，一两为比例。用开水浸泡一夜，取汁同熬。将汁熬浓至合适的颜色为正好，兑入炼熟蜜，口味酸甜适度，用慢火同熬制两小时左右。凉服、热服均可。

葡萄渴水

生葡萄不计多少，擂碎，滤去滓，令净。以慢火熬，以稠浓为度。取出，收贮净瓷器中。熬时切勿犯铜铁器。葡萄

---

① 北五味子：药用植物。新鲜的北五味子果为鲜艳红色的浆果，多汁、味酸而微涩，有花椒气味。鲜果汁是加工天然保健饮品的原料；干果黑紫红色，有皱纹，是传统的中药材，对人体的中枢神经系统、呼吸系统有兴奋作用，对心脏、肝脏、血压有调节作用，对人的视力、听力有强化功能；促进胆汁分泌，提高抗菌能力。

② 对当：相当。

③ 一时：一个时辰，今两小时。

熟者不可用^①，只可造酒。临时斟酌^②，入炼过熟蜜及檀末、脑麝少许。

【译】生葡萄不论数量多少，捣碎，滤去渣滓，将葡萄汁过滤干净。用慢火熬葡萄汁，以熬至稠浓为限度。熬好取出，收贮在干净的瓷器中。熬时一定不要接触碰到铜、铁质器皿。熟葡萄不可以用来做渴水，只可以用于造酒。临到要饮用葡萄渴水时，可适当加入炼过的熟蜜及少许檀香末、龙脑、麝香。

香糖渴水

上等松糖一斤，水一盏半，藿香叶半钱，甘松^③一块，生姜十大片，同煎，以熟为度。滤净，瓷器盛。入麝香（绿豆许大）一块、白檀末半两。夏月水水内沉，用之，极香美。

【译】选一斤上等松糖、一盏半水、半钱藿香叶、一块甘松、十大片生姜，同煮，煮熟即可。过滤干净，将汁盛入瓷器。加入一块麝香（绿豆左右大）、半两白檀香末。夏天沉入冰水内冰镇后饮用，味道非常香美。

造清凉饮法

生气爽神。

---

① 不可用：不可以用作制渴水。

② 临时斟酌：临到要饮用葡萄渴水时（再适当加入熟蜜、檀香末等）。

③ 甘松：属败酱科多年生草本植物，地下根茎有浓烈香气，原名甘松香。用根及根茎。有理气止痛、开郁醒脾等功效，外用祛湿消肿。

葛粉①、郁金②、山栀③（各一钱），甘草（一两）。

右为细末。以新汲水逐旋④调饮。

【译】（略）

① 葛粉：葛根之粉。有发汗、解热、解渴等功效。

② 郁金：为姜科植物温郁金、姜黄、广西莪(é)术或蓬莪术的干燥块根。有行气解郁、凉血破瘀的功效。

③ 山栀（zhī）：常绿灌木或小乔木。花白色芳香，果可作染料或入药。

④ 逐旋：逐渐；渐渐。

熟水①类

梁秆熟水

故宋京城，持瓶卖"梁秆熟水"。其法，以稻秆心抹择齐整了，用水浸，洗净，晒干，作小把子②。如烫熟水时，以火炙少时③，先以汤烫两次，然后烫熟水④。如以糯稻秆，自可缩小便⑤。

【译】过去的宋朝京城，有拿着瓶子卖"梁秆熟水"的。做梁秆熟水的方法是，将稻秆芯整理齐整，用水浸泡，洗净，晒干，做成小把子。如果烫熟水时，用火烤一下，先用开水烫两次，然后烫熟水。如果用糯稻秆来烫熟水，可以治疗缩小便。

紫苏熟水

紫苏叶不计多少，须用纸隔焙，不得翻。候香，先泡一次，急倾了⑥。再泡，留之食用。大⑦能分气⑧。只宜热用，冷伤人。

---

① 熟水：一种用植物或其果实作原料煎泡而成的饮料。

② 小把子：指将稻草秆洗净晒干，捆绑整齐，做成小把的稻草束。

③ 少时：一会儿。

④ 烫熟水：在开水里涮洗。

⑤ 缩小便：中医病症。

⑥ 急倾了：指将用焙香的紫苏叶第一次泡的水要迅速泼掉。

⑦ 大：很，太，非常。

⑧ 分气：中医术语。

【译】紫苏叶不论多少，须用纸隔着用微火烘，不要翻个。等到香气出来了，先开水泡一次，迅速把水泼掉。再泡，留着饮用。非常能分气。紫苏熟水只适合热饮，凉饮会伤人。

豆蔻熟水

白豆蔻壳拣尽，投入沸汤瓶中，密封片时[1]，用之极妙。每次用七个足矣。不可多用，多则香浊。

【译】白豆蔻壳全部拣出来，投入开水瓶中，密封片刻后，饮用极好。每次用七个白豆蔻足够了。不能多用，多了香气浊。

沉香熟水

先用净瓦一片，灶中烧微红，安平地上。焙香一小片，以瓶盖定。约香气尽，速倾滚汤入瓶中，密封盖。檀香、速香[2]之类亦依此法为之。

【译】先将一片干净的瓦放在灶中烧微红，安全平放在地上。焙一小片沉香，用瓶盖住。大约香气散尽，迅速将开水倒入瓶中，盖住密封。檀香、速香也按照这种方法来做。

花香熟水

取夏月但有香无毒之花，摘半开者，冷熟水[3]浸一夜，

---

① 片时：片刻，不多时。

② 速香：一种香木，即黄熟香。

③ 冷熟水：白开水。

密封。次日早去花，以汤浸香水①用之。

【译】选夏天有香味且无毒的花，摘取半开的，用白开水浸泡一夜，要密封。第二天一早去掉花，取适量的泡花水兑入开水来饮用。

丁香熟水

丁香五粒，竹叶七片。炙，沸汤密封片时，用之。

【译】（略）

造熟水法

夏月凡造熟水，先倾百沸滚汤在瓶内，然后将所用之物投入，密封瓶口，则香倍矣。若以汤泡之，则不堪②。香若用隔年木犀或紫苏，须略向火上炙过，方可用矣。

【译】凡在夏天制作熟水，先将百沸开水倒入瓶内，然后将所用之物投入瓶中，密封瓶口，会非常香。如果用水浸泡，就很糟糕。制作熟水的香物如果选用隔年的木犀或紫苏，一定要在火上烤过，才能使用。

---

① 浸香水：指泡了一夜花的水。

② 不堪：极坏；糟糕。

浆水类

桂浆法

夏月饮之，解渴消痰。勿与酒同饮。

官桂（三两。为末），赤茯苓（去皮，为末），细曲末（半斤），大麦蘗（半两。为末），杏仁（百粒。浸，去皮、尖，研细），蜜（三斤）。

右用熟水一斗，冷定，调匀，入瓷罐内搅三五百转，用油纸封口，覆以数重①，入窨②五日方熟。或腊纸密封，沉井底七日，绵滤去滓，水浸饮之。

【译】夏天饮用桂浆，可以解渴消痰。一定不能与酒同饮。

官桂（三两。为末），赤茯苓（去皮，为末），细曲末（半斤），大麦蘗（半两。为末），杏仁（一百粒。浸，去皮、尖，研细），蜜（三斤）。

以上原料加入一斗开水，晾凉，调匀，倒入瓷罐内搅三五百转，用油纸封口，再盖上几层油纸，放入地窨子里五天后就做好了。或者用腊纸密封后，沉入井底七天，取出用绵过滤去渣滓，兑水饮用。

---

① 覆以数重（chóng）：再盖上几层油纸。

② 窨（yìn）：这里指地窨子，即地下室。

荔枝浆①

桂（三两），丁香（二分），乌梅（半斤。煎汁），缩砂仁（三两。锉碎，煎汁一升），生姜汁（半盏）。

右件澄清，相和。入糖二斤半，银、石器熬。候稠浓，滤过用之。

【译】桂花（三两），丁香（两分），乌梅（半斤。煎汁），缩砂仁（三两。捣碎，煎成一升汁），生姜汁（半盏）。

将以上汁澄清，掺和。加入两斤半糖，用银器或石器熬制。熬至稠浓，过滤后就可以取用了。

木瓜浆

木瓜一个，切下盖，去穰。盛蜜，却②盖了，用签签之。于甑③上蒸软。去蜜不用，及削去④。中别入熟蜜半盏，入生姜汁同研如泥。以熟水三大碗拌匀，滤滓，盛瓶内，井底沉之。

【译】取一个木瓜，切下一部分作盖，去除瓜穰。盛入蜜，将盖再盖上，用小木签扦住。放在甑上蒸软。去除蜜不用，削去木瓜皮。木瓜里面再放入半盏熟蜜，加入生姜汁一同研磨成泥。用三大碗熟水拌匀，过滤掉渣滓，盛入瓶内，

---

① 荔枝浆：本品正文中未见荔枝，或有错漏，或谓此浆有荔枝味。

② 却：回转；返回。

③ 甑（zèng）：古代炊具，底部有许多小孔，放在鬲（lì）上蒸食物。

④ 及削去：及，疑为"皮"字之误。即削去木瓜皮。

沉入井底。

浆水法

熟炊①粟饭，趁热倾在冷水中。以缸浸五七日，酸便好吃。如夏月，逐日看，才酸便用。如过酸，即不中使。

【译】熟的煮粟饭，趁热倒在冷水中。用缸浸泡五天至七天，酸后便可以吃了。如果在夏天，每天要看一下，酸了便可以饮用。如果口味太酸，就不能饮用了。

齑水法

菘菜②净洗，略汤中焯过。入极清面汤内，以小缸盛。看菜与面汤多少相称，菜不必多。候五七日，酸可吃。如有齑脚③一小碗，只一日可用④。冬日略近火，尤易熟。诸菜皆可。

【译】将大白菜洗净，稍微在开水中焯一下。放入非常清的面汤里，用小缸盛。察看菜与面汤的多少要相称，大白菜不必多。经过五天至七天，酸后就可以吃了。如果有一小碗上次做齑水剩下的陈卤，将陈卤掺入新制的齑水中，只要经过一天就可以饮了。冬天要稍微靠近火，容易熟。各种菜都可以这么做。

---

① 炊：煮饭，蒸饭。

② 菘菜：大白菜，又叫结球白菜、黄芽菜或包心白。

③ 齑脚：指上次做齑水剩下的陈卤。

④ 只一日可用：谓将齑脚掺入新制的齑水中，只要经过一天就可以饮了。

法制香药

法制半夏[①]

开胃健脾，止呕止吐，去胸中痰满，下肺气。

半夏（半斤。圆白者），晋州绛矾[②]（四两），丁皮[③]（三两），草豆蔻（二两），生姜（五两。切成片）。

右件。洗半夏去滑，焙干。三药粗锉[④]。以大口瓶盛生姜片，并前药一处，用好酒三升浸。春夏三七日，秋冬一月。却取出半夏，水洗，焙干，余药不用。不拘时候，细嚼一二枚。服至半月，咽喉自然香甘。

【译】法制半夏有开胃健脾、止呕止吐、去胸中痰满、下肺气的功效。

半夏（半斤。圆且白的），晋州绛矾（四两），丁皮（三两），草豆蔻（二两），生姜（五两。切成片）。

用以上原料，将半夏洗净去滑，微火烘干。其他三种中药粗锉。用大口的瓶盛生姜片，与前面的中药合并一处，

---

① 半夏：一种属于天南星科的多年生草本植物。其地下球状块茎有祛痰、止咳、止呕等功效。因生半夏有毒，能刺激人的口腔喉，引起舌肿喉痛、声音嘶哑，所以必须用其他药物制过，方可内服。

② 绛（jiàng）矾：明矾之一种。由青矾煅成，呈赤色，为透明结晶体。产于山西、安徽等地。

③ 丁皮：丁香树皮，别名丁香皮，是桃金娘科植物丁香，主要治中寒脘腹痛胀，泄泻，齿痛。

④ 锉（cuò）：用锉进行切削。下同。

加三升好酒浸泡。春夏季需要三天至七天，秋冬季需要一个月。之后取出半夏，用水洗，微火烘干，剩下的其他中药不用。不论任何时候，取出细嚼一两枚服用。一直服至半个月，咽喉自然就香甜了。

法制桔皮

日华子①云：皮暖消痰、止嗽、破症瘕痃癖。

桔皮（半斤。去穰），白檀（一两），青盐②（一两），茴香（一两）。

右件四味用长流水③二大碗同煎，水干为度。拣出桔皮，放在瓷器内。以物覆之，勿令透气。每日空心取三五片细嚼，白汤下。

外三味晒干为末，白汤点服。

【译】日华子说过：法制橘皮有皮暖消痰、止嗽、破症瘕痃癖的功效。

橘皮（半斤。去穰），白檀（一两），青盐（一两），茴香（一两）。

以上四味原料加两大碗长流水一同煮，煮到水干为止。拣出橘皮，放在瓷器内。用东西盖上，不使透气。每天取

① 日华子：唐代本草学家。原名大明，以号行，四明（今浙江鄞州）人，一说雁门（今属山西）人，著《诸家本草》，此书早佚。其佚文散见于后代各家本草，如《本草纲目》。

② 青盐：卤化物类石盐族湖盐结晶体，是从盐湖中直接采出的盐和以盐湖卤水为原料在盐田中晒制而成的盐。

③ 长流水：一直处于流动状态的水。

三五片空腹时细嚼，用白开水送下。

其他三味原料晒干并碾成末，白开水点服。

法制杏仁

疗肺气咳嗽，止气喘促、腹脾不通、心腹烦闷。

板杏（一斤。滚灰水①焯过，晒干，麸②炒熟。炼蜜拌杏仁匀，用下药③末），茴香（炒），人参、缩砂仁（各二钱），陈皮（三钱），白豆蔻、薄荷、梗香（各一钱），粉草④（三钱）。

右为细末，拌杏仁令匀。每用七枚，食后服之。

【译】法制杏仁可以疗肺气咳嗽，有止气喘促、腹脾不通、心腹烦闷的功效。

板杏（一斤。沸腾的碱水焯过，晒干，麸子炒熟。用炼蜜将杏仁拌匀，用时再加下面药物碾成的末），茴香（炒过）、人参、缩砂仁（各两钱），陈皮（三钱），白豆蔻、薄荷、梗香（各一钱），粉草（三钱）。

以上原料碾成细末和杏仁拌匀。每次服用七枚，饭后服用。

---

① 灰水：碱水。

② 麸：麸子，也叫麸皮。小麦磨面筛剩下的碎皮。

③ 下药：下文药物。

④ 粉草：一种中草药，又叫粉草婆，是梧桐科植物粉草婆的根、叶。主要功效是散瘀止痛、收敛止血。主治跌打损伤、伤口不愈等症状，可以内服也可以外敷。

酥杏仁法

杏仁不拘①多少，香油炸焦糊色为度。用铁丝结作网兜搭之②，候冷定食。极脆美。

【译】杏仁不限定数量多少，用香油炸至呈现焦煳色为止。用铁丝编成笊篱，将油锅中的炸焦的杏仁捞起，待凉后就可以食用了。味道非常爽脆甘美。

法制缩砂

消化水谷，温暖脾胃。

缩砂（十两。去皮，以朴硝③水浸一宿。晾干。以麻油④焙燥，香熟为度），桂花、粉草（各一钱半。碾为细末）。

右件和匀，为末。遇酒食⑤后细嚼。

【译】法制缩砂有消化水谷、温暖脾胃的功效。

十两缩砂（去皮，用皮硝水浸泡一夜。取出晾干。用麻籽油烘烤干燥，烘至香熟为止），桂花、粉草（各一钱半。碾成细末）。

以上原料调和匀，碾成末。吃饭喝酒后细嚼。

---

① 不拘：不拘泥；不计较；不限制。

② 用铁丝结作网兜搭之：用铁丝编成笊篱，将油锅中的炸焦的杏仁捞起。

③ 朴硝：含有食盐、硝酸钾和其他杂质的硫酸钠，是海水或盐湖水熬过之后沉淀出来的结晶体。可用来硝皮革，医药上用作泻药或利尿药。通称"皮硝"。

④ 麻油：麻籽油。古人云："把酒话桑麻。"麻结出的籽压榨出来就是麻油。

⑤ 酒食：酒与饭菜。

醉乡宝屑

解醒，宽中，化痰。

陈皮（四两），缩砂仁（四两），红豆（一两六钱），粉草（二两四钱），生姜，丁香（一钱，锉），葛根（三两）（以上并㕮咀①）。白豆蔻仁（一两，锉），盐（一两），巴豆（十四粒。不去皮壳，用铁丝穿）。

右件用水二碗煮，耗干为度。去巴豆，晒干。细嚼，白汤下。

【译】醉乡宝屑有解醒、宽中、化痰的功效。

陈皮（四两），缩砂仁（四两），红豆（一两六钱），粉草（二两四钱），生姜，丁香（一钱，锉过），葛根（三两）（以上料一同弄碎）。白豆蔻仁（一两，锉过），盐（一两），巴豆（十四粒。不要去皮壳，用铁丝穿上）。

以上原料加入两碗水煮制，将水耗干为止。去掉巴豆，将剩下的料晒干。细嚼，用白开水服下。

木香煎

木香二两，捣、罗细末。用水三升煎至二升，入乳汁半升、蜜二两，再入银、石器中，煎如稀面糊，即入罗过粳米粉半合②，又煎。候米熟稠硬，擀为薄饼，切成棋子，晒干

---

① 㕮（fǔ）咀（jǔ）：中医用语。用口将药物咬碎，以便煎服，后用其他工具切片、捣碎或锉末，但仍用此名。

② 合：容量单位，市制十合为一升。

为度。

【译】取二两木香，捣碎并用罗筛出细末。加入三升水煎煮至两升，加入半升乳汁、二两蜜，再放入银器或石器中，煎煮至像稀面糊一样，立即放入筛过的半合粳米粉，再进行煎煮。待米熟且稠硬，擀成薄饼，切成棋子状，晒干为止。

法制木瓜

取初收木瓜，于汤内炸①过，令白色取出，放冷。于头上开为盖子，以尖刀取去穰子，便入盐一小匙。候水出，即入香药②，官桂、白芷、蒿本③、细辛④、藿香、川芎、胡椒、益智子⑤、缩砂仁。

右件药捣为细末。一个木瓜入药一小匙。以木瓜内盐水调匀。更曝。候水干，又入熟蜜令满，曝。直候蜜干为度。

【译】选取刚收的木瓜，在开水里焯过，焯至白色后取出，晾凉。在木瓜头上切开作为盖子，用尖刀取出木瓜穰子，加入一小匙盐。等水出来后，立即加入香药，有官桂、白芷、蒿本、细辛、藿香、川芎、胡椒、益智子、缩砂仁。

① 炸：这里为焯的意思。

② 香药：香料。

③ 蒿本：中国药典正名为"藁本"，别名为香藁本、藁茇等。伞形科植物藁本或辽藁本的干燥根茎和根，有祛风、散寒、除湿、止痛的功效。

④ 细辛：别名华细辛、盆草细辛，是双子叶植物纲、马兜铃科、细辛属多年生草本植物，有祛风、散寒、行水、开窍的功效。

⑤ 益智子：姜科植物益智的果实。有温脾、止泻、摄唾、暖肾、固精、缩尿的功效。

以上香药均捣成细末。一个木瓜加入一小匙香药。用木瓜内的盐水来调匀。暴晒。待水干后，再加入熟蜜至满，暴晒。直至蜜干为止。

法制虾米①

虾米一斤，去皮壳。用青盐、酒炒。酒干，再添，再炒，香熟为度。真蛤蚧②，青盐、酒炙，酥脆为度。茴香，青盐、酒炒，四两净。椒皮四两，青皮③、酒炒，不可过。浊煮酒约二升，用青盐调和为制④。

右先用蛤蚧、椒皮、茴香三味制讫⑤。却制虾米，以酒尽为度。候香熟，取上件和前三味一并拌匀。再用南木香⑥粗末二两同和。乘热入器盦⑦，四周封固，候冷取用。每一勺，空心盐酒嚼下。益精壮阳，不可尽述⑧（赵菊山⑨）。

---

① 虾米：又名海米、金钩、开洋。是用鹰爪虾、脊尾白虾、羊毛虾和周氏新对虾等加工的熟干品。虾米是著名的海味品，有较高的营养价值。

② 蛤蚧：学名为大壁虎，是热带的一种爬行动物，为国家二级保护动物。因常雌雄成对出来活动，雄的叫声象蛤、雌的应声似蚧，所以称为蛤蚧。由于晒干的大壁虎可以入药，而遭到人们大量捕杀，目前野生资源要加以保护。

③ 青皮：疑为"青盐"之误。

④ 制：这里指规矩、成法。

⑤ 制讫：制作完了。

⑥ 南木香：马兜铃科马兜铃属植物以根、根状茎及藤入药。秋季采根及根状茎，夏季采藤，洗净切片晒干或研末。有理气止痛、祛风活血的功效。

⑦ 盦（ān）：古代一种盛食物的器具。

⑧ 尽述：详细叙述。

⑨ 赵菊山：原注中的人名。事迹不详。

【译】选用一斤虾米，去掉皮壳。用青盐、酒炒过。酒如果干了，再加酒，再炒，炒至香、熟为止。真蛤蚧，用青盐、酒烤制，烤至酥脆为止。四两干净的用青盐、酒炒过的茴香。四两用青盐、酒炒过（不能炒过火）的椒皮。浊煮酒约两升，用青盐调和好，这是规矩、成法。

以上原料，先用蛤蚧、椒皮、茴香三味药制作完成。再制作虾米，以酒耗干为止。待虾米香熟后，取虾米和前三味药一并拌匀。再加入二两南木香粗末一同调和。趁热放入器盒，四周封闭严实，等凉后就可以取用了。每次一勺法制虾米，空腹用盐酒嚼下。能益精壮阳，不可详细叙述（赵菊山）。

果实类

造蜜煎果子法

凡煎果子，酸者用朴硝破水。大段①硬酸者，用汤化朴硝，放冷，浸去酸味。软嫩者，只炼蜜放冷，浇在果子上，腌一宿，其酸咸味自去。漉②出，淘过，控干。并先炼熟蜜，后入煎五七沸，放出，冷③，再入旧蜜内，煎如琥珀色。去蜜，置器中。煎时须用银、石、砂铫等为佳。使蜜浇者，浸一宿，余依用，腌一饭时。若④有味也。

又法：应干⑤煎果，先用汤烫白梅肉，候冷，浸之。却控干，炼蜜浸之，如前法。

【译】凡煎煮果子，酸的果子用皮硝破水。大部分硬且酸的果子，用开水溶化皮硝，晾凉后浸泡果子来去除酸味。软嫩的果子，只用晾凉的炼蜜，浇在果子上，腌渍一夜，果子的酸咸味自然去除。过滤后取出，淘洗，控干水分。并先炼熟蜜，再加入果子煎煮至沸腾五次至七次，取出，晾凉，再加入之前的蜜内，煎煮至琥珀色。去掉蜜，放在器皿中。煎煮时一定要用银、石、砂制的铫子等为最

---

① 大段：大部分，形容数量多。

② 漉（lù）：过滤。

③ 放出，冷：一本作"出，放冷"。

④ 若：一本作"即"。

⑤ 应干：一切有关的。

佳。用蜜浇后，要浸泡一夜，剩下的再用时，要腌渍一顿饭的工夫，才会入味。

另一种方法：一切有关煎煮果子，都先用开水烫白梅肉，晾凉，浸泡。再控干，用炼蜜浸泡，像前面的方法一样。

蜜煎冬瓜法

经霜老冬瓜，去青皮，近青边肉切作片子。沸汤焯过，放冷。石灰汤浸没①，四宿，去灰水。同蜜半盏，于银、石、砂铫内煎熟，下冬瓜片子，煎四五沸，去蜜水。别入蜜一大盏，同熬，候冬瓜色微黄为度。入瓷器内，候极冷，方可盖覆。如白醭，重煎石灰汤（二钱。沸汤澄清去脚）用②。

【译】选取经过霜打的老冬瓜，去掉青皮，取靠近青边的瓜肉切成片。用开水焯过，晾凉。再用石灰水淹没冬瓜片，腌渍四夜，去掉石灰水。取半盏蜜，放在银、石、砂制铫子内煎煮熟，加入冬瓜片，煎煮沸腾四五次，去掉蜜水。再加入一大盏蜜，同熬，熬至冬瓜色呈微黄为止。放入瓷器内，待非常凉后，才可以盖盖。如果蜜煎冬瓜上生长白霉点，可以用以两钱石灰制成的澄清的水来浸泡（霉点即可以除去）。

---

① 浸没：淹没。指沉入液体中。

② 如白醭，重煎石灰汤（二钱。沸汤澄清去脚）用：如果蜜煎冬瓜上生长白霉点，可以用以两钱石灰制成的澄清的水来浸泡（霉点即可以除去）。去脚，去除杂质。

蜜煎姜法

社前①嫩芽者二斤，净洗，控干，不得着盐腌，须候出水，一饭间②。沸汤略焯过，滤干，用白矾一两半，捶碎，泡汤，隔宿，次却澄清，浸姜，以满为度。三两宿漉出③，再控，不得多时。用蜜二斤煎一滚，去一回④。隔宿⑤冷却，于新瓶内入蜜姜。约十日半月，别换蜜一斤半。换蜜⑥，若要久经年，两次换。

【译】选取两斤社日之前的嫩姜芽，洗干净，控干水分，不要放盐腌，一定要等控干水分后，需要嫩姜晾到煮一顿饭的时间。用开水稍微焯一下，滤干，加入一两半白矾，捶碎，加水浸泡隔一夜，再将水取出澄清，再泡姜，水一定要加满。经过两三夜之后捞出，再控干水分，浸泡时间不能长。加入两斤蜜煮一开，换一次蜜。经过一夜冷却后，将蜜姜放入新瓶内。约十天或半个月，换一斤半蜜。如果要久放经过一年，需要换两次蜜。

蜜煎笋法

笋十斤，和壳煮七分熟。去皮，随意切成花样。用蜜半

---

① 社前：社日之前。社日为古时春秋两次祭祀土神的日子，一般在立春、立秋后第五个戊日。

② 一饭间：这里文意不连贯。似指将洗过的嫩姜晾到煮一顿饭的时间。

③ 漉出：捞出。

④ 去一回：指换一次蜜。

⑤ 隔宿：经过一夜。

⑥ 换蜜：为衍文。

斤浸一时许，漉干。却用蜜三斤煮滚，掠净，拌匀，入瓷器收贮。浸久不损。

【译】将十斤笋同壳一起煮至七分熟。去掉笋皮，任意切成各种形状。用半斤蜜浸泡两个小时左右，取出过滤并控干水分。再加入三斤蜜煮开，撇净浮沫，拌匀，放入瓷器收贮。长期浸泡，笋不会变质。

蜜煎青杏法

不拘多少，刮去皮。用铜青①极细末铜器内匀滚，令绿色。然后用生蜜浸。但觉有酸气，便换蜜。至三五遍，自然不复酸，可以久留。铜青无多少之限，但滚的匀便可也。青梅亦可依此法造。

【译】青杏数量不限制多少，都要刮去皮。用非常细的铜绿末在铜器内滚匀，使铜器变成绿色。然后将青杏用生蜜浸泡在铜器内。如觉得有了酸气，便换蜜。换个三五遍，自然就不酸了，可以长期存放。铜绿没有数量的限制，将铜器滚匀就可以。蜜煎青梅也可以按照这种办法制作。

蜜煎藕法

初秋藕新嫩者，沸汤焯过，五分熟。去皮，切作条子或片子。每一斤用白梅四两汤浸汁一大碗，候冷，浸一时许，漉出，控干。用蜜六两，去卤水。别蜜十两，慢火煎，令琥

---

① 铜青：铜绿，中药。铜表面生成的绿锈，主要成分是碱式碳酸铜，粉末状，有毒。一般用作制烟火和颜料。

珀色。放冷，入罐贮。

【译】选取初秋新且嫩的藕，用开水焯过，焯五分熟。将藕去皮，切成条状或片状。每一斤藕加一大碗用开水将四两白梅浸泡过的汁，晾凉，浸泡藕两个小时左右，捞出，控干水分。用六两蜜，去掉卤水。再加十两蜜，用慢火煎煮，煮至琥珀色即可。晾凉，装入罐内保存。

糖脆梅法

青梅一百个，划成路路儿^①。将熟冷醋浸没一宿，取去控干。别用熟醋调沙糖一斤半浸没，入瓶内，以箬叶^②扎口。仍用碗覆^③。藏在地中，深一二尺。用泥土盖过。白露节取去，换糖浸。

【译】选取一百颗青梅，在每一颗青梅上均划出纹路来。用凉的熟醋淹没浸泡一夜，取出控干水分。再将青梅装入瓶内，用熟醋调一斤半砂糖后淹没浸泡，用箬叶扎住瓶口。用碗反扣在瓶口。藏在深一两尺的地中，用泥土盖上。到了白露节气取出，换糖再浸。

糖椒梅法

黄梅大者，不拘多少。捶破核。未捶以前，先以盐腌一日。铺梅一层，入沙糖、川椒^④、生姜丝一层，重重铺罐

---

① 划成路路儿：在每一颗青梅上均划出纹路来。

② 箬叶：俗称竹箬、箬皮，即箬竹的叶子。

③ 碗覆：用碗反扣在瓶口。

④ 川椒：原作"用椒"。据他本改。四川的花椒。

内，八分满。以物盖覆。蒸一遍。再用生绢覆罐口，晒，十日可供。晒时先用些椒叶在梅肉上。

【译】选取大的黄梅，不限制数量多少。将核捶破。在捶之前，先用盐将黄梅腌一天。铺一层梅，加入一层砂糖、川椒、生姜丝，这样一层一层地铺在罐内，罐内铺八分满。用东西盖上。上笼屉蒸一遍。再用生绢盖住罐口，晒制，十天后就可以食用了。晒时先在梅肉上撒些椒叶。

糖杨梅法

以三斤为率，盐一两，腌半日。次用沸汤浸一宿，控干。入好糖一斤，轻轻用手拌匀。日晒，汁干为度。瓷器贮。

【译】以三斤杨梅为比例，加入一两盐，腌渍半天。再用开水浸泡一夜，捞出控干水分。加入一斤好糖，轻轻用手拌匀。在阳光下晒制，汁干为止。装入瓷器内贮存。

糖煎藕法

大藕五斤，切二寸长，又碎切之。日晒出水气。入沙糖五斤、金樱①末一两，同入瓷器内。又入蜜一斤。用泥紧封闭瓷器口，慢火煮一伏时②，待冷，开用。

【译】选取五斤大藕，切成两寸长，再切碎。在阳光下晒出水汽。加入五斤砂糖、一两金樱子末，一并装入瓷器

---

① 金樱：金樱子，中药名。为蔷薇科植物金樱子的干燥成熟果实，有固精缩尿、固崩止带、涩肠止泻之功效。常用于遗精滑精、遗尿尿频、崩漏带下、久泻久痢。

② 一伏时：一昼夜。

060

内。再加入一斤蜜。用泥紧封闭瓷器口，慢火煮一昼夜，晾凉，开盖可食用。

糖苏木瓜

大者一对，去皮，切作瓣，白盐一两、新紫苏叶二两，净洗，晒干，细切，同腌少时。再入生姜四两（去皮，切丝）、沙糖二十两，一处拌匀，瓷器中盛。日中①晒干，时时②抄匀为度。

【译】选取两个大的木瓜，去皮，切成瓣，加入一两白盐、二两新紫苏叶，洗干净，晒干，细切，同腌一段时间。再加入四两生姜（去皮，切丝）、二十两砂糖，一起拌匀，盛入瓷器中。在阳光下晒干，常常用手抄到均匀为止。

造椒梅法

黄梅一百个为率，用盆硝③少许，焯过，漉出，控干，捶碎，入生姜丝一斤、甘草四两、去目④川椒一两，瓷盆拌匀。又入炒盐半斤，同晒。如欲作梅汤，晒放稀。如欲作饼子，晒放干。晒时两三日搅一次。

【译】以一百个黄梅为比例，加少许朴硝，焯过水，捞出，控干水分，捶碎，加入一斤生姜丝、四两甘草、一两去

---

① 日中：阳光下。

② 时时：常常。

③ 盆硝：疑为"朴硝"之误。

④ 去目：去除川椒里的籽。

籽川椒，放入瓷盆里拌匀。再加入半斤炒盐，一同晒制。如想做椒梅汤，要晒得稀一些。如想做椒梅饼子，要晒得干一些。晒制的时候要两三天搅动一次。

旋炒栗子法

不拘多少。入油纸撚一个，砂铫中炒，或熨斗①中炒亦可。候熟，极酥甜。香美异常法。

【译】不限制栗子数量多少。加入一张油纸，在砂铫中炒制，或熨斗中炒制也可以。待炒熟后，栗子非常酥且甜。这是炒栗子香美异常的方法。

---

① 熨（yùn）斗：古代一种烹调用具，没有脚的平底锅。

收藏果法

收藏栗子

霜后初生栗子，不以多少，投水盆中，去其浮者，余皆漉出，众①手净布②拭干③。更于日中晒少时，令全无水脉④为度。用新小瓶罐，先将沙炒干，放冷，将栗装入瓶。一层栗二层沙。约九分满。每瓶只可放三二百个，不可大满。用箬叶一重盖覆，以竹篾⑤按定。扫一净地，将瓶倒覆其上，略以黄土封之。逐旋取用。不可令近酒气⑥。可至来春不坏。

【译】选取霜后刚刚长熟的栗子，不论数量多少，投水盆中，去掉漂浮的，剩下的全部捞出，再用干净的擦手布擦干净。将栗子在阳光下晒一会儿，使栗子表面的水痕晒干。准备干净的小瓶罐，先将沙子炒干，晾凉，将栗子装入瓶中。一层栗子两层沙子。瓶罐装约九成满。每个瓶罐只可装两三百个栗子，不可以装大满。盖上一层箬叶，用竹篾按瓷实。扫出一块干净的地方，将瓶倒竖在地上，稍微盖上一些黄土。慢慢取用。不可以接近酒气。可放至来年春天不坏。

---

① 众：又，再。

② 手净布：干净的擦手布。

③ 拭干：擦干净。

④ 水脉：犹水痕。

⑤ 竹篾：剖削成一定规格的竹皮；成条的薄竹片。

⑥ 酒气：酒的气味。

收藏红枣

将大瓷缸一只，刷洗净，拭干。烧热米醋浇缸内，荡令匀，控干。又以熟香油匀擦缸口。于缸底铺粟秆草①一重，枣一重。中心、四围②亦令草间盖。不可重压。亦不生蛀虫。

【译】将一个大瓷缸刷洗干净，擦干水分。将适量烧好的热米醋浇入缸内，晃动瓷缸，使缸壁均匀地沾上醋，将缸控干。再用熟香油均匀地擦拭缸口。在缸底铺上一层谷草，再铺上一层枣。在每层枣的中心、四周也要用谷草盖严。不可以用重物压。不会生蛀虫。

收藏诸般青果法

十二月间，烫洗洁净瓶或小缸，盛腊水③。遇时④果出，用铜青末与果同入腊水收贮。颜色不变如鲜。凡青梅、枇杷、林檎、小枣、葡萄、莲蓬、菱角、甜瓜、绵橙、橄榄、荸荠等果皆可收藏。

【译】十二月的时候，将瓶或小缸用热水洗干净，盛入蜡粉水。在应季收获水果的时候，用铜青末与水果一同放入蜡粉水内收贮。水果的颜色不会变，与新鲜的一样。青梅、枇杷、林檎、小枣、葡萄、莲蓬、菱角、甜瓜、绵橙、橄

---

① 粟秆草：谷子秆茎。

② 四围：四周，周围。

③ 腊水：蜡粉水，一种表面处理剂。

④ 遇时：应季，收果的季节。

榄、荸荠等水果都可以用这种方法收藏。

收藏石榴

选拣大石榴，连枝摘下。用新瓦罐一枚，安排在内。使纸十余重密封。可留多日不坏。

【译】挑选个头儿大的石榴，连枝摘下。取一个新瓦罐，将石榴放在瓦罐内。用十多层的纸来密封。石榴可保存很多天都不会坏。

收藏梨等

拣不损大梨，取不空心大萝卜。插梨枝柯①在萝卜内，纸裹，暖处，候至春深②不坏。带枝柑桔亦可依此法。

【译】选大个儿的不坏的梨，取不空心大萝卜。将带梨的枝条插在萝卜内，用纸将梨包裹，放在暖和的地方，到了春季快过去的时候梨也不会坏。带枝的柑橘也可以按照这种方法收藏。

收藏橄榄

用上等好锡打作有盖罐子。拣好完橄榄装满。纸封缝，放于净地上。至五六月间尤好（"藏阶前草内者"无是说③）。

【译】用上等的好锡打成一个带盖的罐子。挑选完好的

---

① 枝柯：枝条。

② 春深：春意浓郁。这里指春季快过去的时候。

③ "藏阶前草内者"无是说：将橄榄藏在台阶前的草中可以保鲜的说法是不对的。是说，代指"藏阶前草内"的这个说法。

橄榄装满锡罐。用纸封闭缝隙，放在干净的地上。直到五六月间还非常好（将橄榄藏在台阶前的草中可以保鲜的说法是不对的）。

收藏乳饼①

取乳饼，在盐瓮底。不拘年月，要用，取出，洗净，蒸软使用，一如新者。

【译】取乳饼，要加入盐，收在瓮底来收藏。不限制收藏的时间，随用随取，取后洗干净，蒸软后再使用，就像新的一样。

收藏瓜茄

用染坊淋退灰②，晒干，埋藏黄瓜、茄子。冬月食用。

【译】将染坊的淋退灰晒干，埋藏在黄瓜、茄子内。冬天的时候食用。

---

① 乳饼：今天的"奶豆腐"。

② 淋退灰：土碱，也叫"柴碱"，是从柴草灰中提取而来。土碱的提取叫"淋灰水"，即将草木灰加水，放在细密的布袋中加水淋，也就是挤压，挤压漏出的水放在铁锅中烧火加热熬，水挥发后锅底结成糊状的半固半流质物质就是土碱。

酒曲类

酒醴总叙

昔仪狄^①造酒而美，进之于禹，饮而甘之，遂疏^②仪狄。然酒可以供祭祀，可以奉宾客，皆礼之所不废者。如《诗》所谓："为酒为醴，以洽百礼^③。"又谓："我有旨酒，以燕乐嘉宾之心^④。"皆是物也。至于养生伐病^⑤，世或资之^⑥，则日用饮食之间亦不容阙。今取其品味之美者载于前，酿法之良者备于后。谅并好事者之乐闻也^⑦。

【译】过去仪狄造的酒很美，进献给禹，禹饮后觉得味道甘甜，于是奖赏了仪狄。然而酒可以用来祭祀，也可以招待宾客，这些礼数都不用废除。就像《周颂·载芟》中所记载："为酒为醴，以洽百礼。"又《小雅·鹿鸣》中记载："我有旨酒，以燕乐嘉宾之心。"都是说的酒。可以养生和治病，可以取悦于世，是日常饮食中不容缺少的。今将酒的

---

① 仪狄：传说夏禹时造酒者。

② 疏：赏赐。

③ 为酒为醴，以洽百礼：《周颂·载芟》："万亿及秭，为酒为醴，烝（zhēng）畀（bì）祖妣（bǐ），以洽百礼。"大意是粮食大丰收了，做成酒和醴，进献给先祖和先妣，以合乎祭祀的百礼。醴，甜酒。洽，合。

④ 我有旨酒，以燕乐嘉宾之心：出自《小雅·鹿鸣》。

⑤ 伐病：指治病。

⑥ 世或资之：资世。取悦于世。

⑦ 谅并好事者之乐闻也：料想喜欢喝酒的人乐意听我说。谅，古指料想。

品味之美写在前面，好的酿造方法写在后面。料想喜欢喝酒的人乐意听我说。

造曲法

东阳酒曲方

白面（一百斤），桃仁（二十两），二桑叶（二十斤），杏仁（二十两。皆去皮，擂为泥），莲花（二十朵），苍耳心（二十斤），川乌①（二十两。炮，去皮脐），绿豆（二十斤），淡竹叶（二十斤），熟甜瓜（一十斤。去皮，擂为泥），辣母藤嫩头（二十斤），辣兼②嫩叶（二十斤）。

右将五叶皆装在大缸内。用水三担浸，日晒七日。用木杷如打淀③状打下，以笊篱漉去枝梗。用此水煮豆极烂。先将生桃杏泥等与面豆和成硬剂，踏成片。二桑叶裹，外再用纸裹，挂于不透风处。三五日后，将曲房上窗纸扯去，令透风。不尔④，恐烧了此曲。

【译】白面（一百斤），桃仁（二十两），二桑叶（二十斤），杏仁（二十两。全都去掉皮，研磨成泥），莲花（二十朵），苍耳心（二十斤），川乌（二十两。炮制，去掉皮、脐），绿豆（二十斤），淡竹叶（二十斤），熟甜

---

① 川乌：四川出产的乌头。乌头性温热，主要应用于风湿痛及跌打伤痛等病症。有毒性，一般须炮制后方能使用。炮制后的乌头称制乌头。

② 辣兼：疑为"辣蓼"之误。古代制曲，常用辣蓼。

③ 打淀：打靛。

④ 不尔：不这样。

瓜（一十斤。去皮，研磨成泥），辣母藤嫩头（二十斤），辣蓼嫩叶（二十斤）。

将上述五种叶都装在大缸内。用三担水浸泡，在阳光下晒七天。用木杷像打靛一样打一打，用笊篱滤去枝梗。用这水将绿豆煮至非常烂。先将生桃仁、杏仁泥等与白面、绿豆和成硬剂，按成片状。用二桑叶来包裹，外面再裹上纸，挂在不透风的地方。三五天后，将放曲的房间的窗纸撕去，使房间通风。如不这样，恐怕烧了这个酒曲。

造红曲法

凡造红曲，皆先造曲母^①。

【译】（略）

造曲母

白糯米一斗，用上等好红曲二斤。

先将秫米^②淘净，蒸熟，作饭。用水升合，如造酒法^③。溲和匀，下瓮。冬七日、夏三日、春秋五日，不过，以酒熟为度。入盆中，擂为稠糊相似。每粳米一斗，止用此母二升。此一料母，可造上等红曲一石五斗。

【译】一斗白糯米，要用两斤上等的好红曲。

先将高粱米淘洗干净，蒸熟成饭。用水多少升、多少

---

① 曲母：母曲。

② 秫米：我国北方俗称高粱米。

③ 用水升合，如造酒法：用水多少升、多少合，像造酒法那样。

合，像造酒法那样。和均匀，盛入瓮。冬季需七天、夏季需三天、春秋季需五天，不过，最终要以酒熟为准。熟后取出放盆中，研磨成类似于稠糊即可。每一斗粳米，只用两升这种曲。这是一种料母，可制成一石五斗的上等红曲。

造红曲

白粳米一石五斗，水淘洗，浸一宿。次日蒸作八分熟饭，分作十五处。每一处入上项曲①二斤。用手如法搓操，要十分匀停了，共并作一堆。冬天以布帛物盖之，上用厚荐②压定，下用草铺作底。全在此时看冷热。如热，则烧坏了；若觉大热，便取去覆盖之物，摊开。堆面微觉温，便当急堆起，依原③覆盖。如温热得中，勿动。此一夜不可睡，常令照顾。

次日日中④时分，作三堆；过一时，分作五堆；又过一两时辰，却作一堆；又过一两时，分作十五堆。既分之后，稍觉不热，又并作一堆；候一两时辰，觉热，又分开。如此数次。

第三日，用大桶盛新汲井水，以竹箩盛曲，作五六分，浑蘸湿⑤便提起，蘸尽。又总作一堆。似稍热，依前散开，

---

① 上项曲：上文所说的曲母。

② 厚荐：厚草垫子。

③ 原：指原来的形状。

④ 日中：这里指日头正当午；中午。

⑤ 浑蘸湿：整个地蘸湿。

作十数处摊开；候三两时，又并作一堆；一两时又散开。

第四日，将曲分作五七处，装入箩，依上用井花水①中蘸，其曲自浮不沉；如半沉半浮，再依前法堆起、摊开一日。次日再入新汲水内蘸，自然尽浮。日中晒干。造酒用。

【译】取一石五斗白粳米，用水淘洗，浸泡一夜。第二天蒸成八分熟的饭，分成十五份。每一份加入两斤前文说的曲母。用手来搓，要搓得十分均匀后停止，合并成一堆。冬天用布帛来覆盖，上面用厚草垫子压住，下面用草来铺底。就在这个时候观察温度的高低。如果温度高，就会被烧坏；如果觉得温度太高，就去掉覆盖之物，将饭摊开。饭堆表面微觉温，便马上将饭堆起，按照原来的形状覆盖。如果温热适中，就不要动。这一夜不能睡觉，要常察看照顾。

第二天正午时分，将饭堆成三堆；过一个时辰，堆成五堆；又过一两个时辰，再堆成一堆；又过一两时辰，堆成十五堆。在饭分堆之后，如稍感觉不热，就并成一堆；过一两时辰后，如感觉热，再分开。按照这种方法进行数次。

第三天，用大桶盛装新打来的井水，用竹箩盛曲，分成五六份，在水中整个地蘸湿后提起，要全部蘸湿。再把曲全都合成一堆。感觉稍热，就按照前面说的将曲散开，要摊开十几处；等两三个时辰后，再合成一堆；一两个时辰后再散开。

————————————

① 井花水：清晨初汲的水。

第四天，将曲分成五堆至七堆，装入箩内，按前面说的在清晨初汲的水中蘸湿，曲会自浮不沉；如曲半沉半浮，再用前面说的方法堆起、摊开一天。第二天再入新打来的井水中蘸湿，曲自然全部浮起。在阳光下晒干即可。晒干后造酒用。

东阳酝①法

白糯米一石为率。隔中将缸盛水浸米，水须高过米面五寸。次日将米踏洗，去浓泔②。将箩盛起，放别缸上。再用清水淋洗净，却上甑中炊，以十分熟为度。先将前东阳曲五斤捣烂，筛过，匀撒放团箕③中。然后将饭倾出，摊去气。就将红曲二斗，于箩内搅洗，再用清水淋之，无浑方止。天色暖，则饭放冷；天色冷，放温。先用水七斗倾在缸内，次将饭及曲拌匀为度。留些曲撒在面上。至四五日沸定④，翻转。再过三日，上榨压之。

【译】以一石白糯米为比例。将缸内盛水来浸泡白糯米，水一定要高出米的表面五寸。第二天将米搓洗，去掉浓淘米水。用箩将米盛起，放在别的缸上。再用清水淋洗净，再上甑中炊饭，以熟透为限度。先将五斤前面说的东阳曲捣烂，筛过，匀撒在簸箕中。然后将饭倒出来，摊开去气。取

① 酝（yùn）：酿酒。

② 泔：淘米水，洗过米的水。

③ 团箕：簸箕，用竹篾、柳条或铁皮等制成的扬去糠麸或清除垃圾的器具。

④ 沸定：翻涌。

两斗红曲，在箩内搅洗，再用清水淋之，不浑浊就停止。天气暖和，饭要放凉；天气寒冷，饭要放温。先将七斗水倒入缸内，再将饭及曲拌匀为限度。留一些曲撒在饭的表面上。过四五天翻涌了，就翻动翻动。再过三天，就可以压榨了。

上糟

造酒寒须是过熟，即酒清数多，浑头白醭少。温凉时并热时，须是合熟便压，恐酒醅过熟，又糟内易热，多致酸变。大约造酒，自下脚至熟，寒时二十四五日，温凉时半月，热时七八日便可上糟。仍须均装停铺、手按压铰①正。下砧簟②，所贵压得均干，并无渐③失。转酒入瓮，须垂手倾下，免见濯损酒味。寒时用草荐、麦曲围盖，温凉时去了，以单布盖之。候三五日澄折④清酒入瓶。

【译】天气寒冷时造酒，一定要熟透再压榨，这样酒清数量会多，浑头白醭就少。天气温凉时且也热时，熟后马上就压榨，恐怕酒醅过熟，而酒糟内容易热，大多会变酸。大多数造酒，从下料到成熟，在天气寒冷的时候需要二十四五天，在天气温凉的时候需要半个月，在天气热的时候七八天就可以上糟。均要装停铺、用手按压或用剪刀剪。将竹席垫

---

① 铰（jiǎo）：用剪刀剪。

② 下砧簟（diàn）：将竹席垫在下面。簟，竹席。

③ 渐（jiān）：通"溅"，外溅。

④ 澄折：折澄。谓将已澄过的酒倒入另一容器再澄。

在下面，贵在压榨得均匀且干，没有外溅而导致损失酒。将酒装入瓮，要垂手倒下，免得折损酒味。天气寒冷的时候要用草垫、麦曲来围盖，天气温凉的时候就不用了，用单布来盖。等三五天后折澄出清酒装入瓶中。

收酒

上榨[1]，以器就滴[2]。恐滴远损酒，或以小竹子引下，亦可。压下酒，须是汤洗瓶器，令净，控，候二三日，次候折澄，去尽脚。才有白丝，则浑。直候澄折得清为度，则酒味倍佳。便用蜡纸封闭，务在蒲装瓶，不在大，以物搁起，恐地气发动酒脚[3]，失酒味。仍不许频频移动。大抵酒澄得清，更满装，虽不煮，夏月亦可存留。

【译】将酒糟装入榨压酒的工具，用它来压出酒。恐压出的酒距离远会使酒损失，也可以用小竹子来引流。压酒，一定要用水洗干净瓶器，控干水分，过两三天，再等着折澄，去干净杂质后装瓶器。如有白丝，则浑浊。一直到折澄得清澈为止，酒味最佳。于是用蜡纸来封闭，要在蒲上装瓶，不在乎大，用东西隔开，恐怕地气影响酒脚，损失酒味。也不许频频移动。大概是酒澄得清，装满瓶器，虽然不用煮，夏天也可以留存。

---

① 榨：一种压酒的工具。

② 滴：指压出的酒。

③ 酒脚：酒器中的残酒。

煮酒

凡煮酒，每斗入蜡二钱、竹叶五片、官局^①天南星^②员^③半粒，化入酒中。如法封系，置在甑中（秋冬用天南星；凡春夏用蜡并竹叶），然后发火。候甑草上酒香透，酒溢出倒流，便更揭起甑盖，取一瓶开看。酒滚即熟矣。便住火，良久方取下。置于石灰中。不得频频移动。白酒须拔得清^④，然后煮。煮时瓶用桑叶宾之^⑤，庶使香气不绝。

【译】煮酒，每斗酒中加入两钱蜡、五片竹叶、半个官署天南星，溶化在酒中。如法封闭，放在甑中（秋冬季用天南星；春夏季用蜡和竹叶），然后开始烧火。等甑草上酒味香透，酒溢出倒流，便揭起甑盖，取一瓶打开看。酒沸腾即熟了。便停火，好长一段时间再取下。放在石灰中。不得频繁移动（要静止沉淀，移动容易引起沉淀物浮起而使酒出现浑浊）。白酒要先拔得清，然后再煮。煮时瓶要用桑叶宾之，几乎让香气不断。

---

① 官局：官署；官设机构。

② 天南星：中药。为天南星科植物天南星，是东北天南星或异叶天南星等的块茎。

③ 员：疑"圆"之误。天南星的块茎呈扁圆状。

④ 拔得清：不知何意。

⑤ 宾之：不知何意。

长春法酒

　　景定甲子①五月间，贾秋壑以长春法酒一瓮并方②进于穆陵③。上欲供而辍④者再⑤。李坦高忠辅任阁长兼内辖奏云："愿先赐臣一盏，候三五日药力效验，方可进御。"李因是⑥得罪于贾。适七月十三日，居民遗漏⑦，修内司⑧救扑，官兵见火势趋和宁门，李于是令预拆民屋保护大内⑨。贾谓：不遵朝廷节制⑩。嗾⑪台臣⑫上疏⑬，三学⑭叩阍⑮，屡贬郁林州⑯，除名勒停⑰。

---

① 景定甲子：景定为南宋理宗赵昀的年号。景定五年系甲子年，即公元 1264 年。

② 并方：和酒方一起。

③ 穆陵：指南宋理宗赵昀。

④ 辍：停下来。

⑤ 再：两次。

⑥ 因是：犹因此。

⑦ 遗漏：犹失火。

⑧ 修内司：官署名，掌宫殿、太庙修缮事务。

⑨ 大内：指皇宫。

⑩ 节制：指挥管辖。

⑪ 嗾（sǒu）：教唆、指使别人做坏事。

⑫ 台臣：古代谏官。

⑬ 上疏：在朝官员专门上奏皇帝的一种文书形式。

⑭ 三学：指宋代太学的外舍、内舍、上舍。

⑮ 叩阍（hūn）：指向朝廷申冤。阍，宫门。

⑯ 郁林州：古代地名。今广西壮族自治区玉林市，郁林历史悠久，自秦汉以来就是今广西境内经济发达、人文荟萃之地。

⑰ 勒停：勒令停职。

方用：

当归	川芎	半夏
青皮	木瓜	白芍药
黄芪（蜜炙）	五味子	肉桂（去粗皮）
熟地黄	甘草（炙）	白茯苓
薏苡仁（炙）	白豆蔻仁	缩砂
槟榔	白术	桔红
枇杷叶（去毛，炙）	人参	麦蘖（炒）
藿香（去土）	沉香	木香
草果仁	杜仲（炒）	神曲（炒）
南香	桑白皮（蜜炒）	厚朴[1]（姜炙）
丁香	苍术（制[2]）	石斛（去根）

右件各制了，净秤三钱，等分作二十包，每用一包，以生绢袋盛，浸于一斗酒内。春七日、夏三日、秋五日、冬十日。每日清晨一杯，午一杯，甚有功效。除湿，实脾，去痰饮，行滞气，滋血脉，壮筋骨，宽中快膈，进饮食。

【译】景定甲子年的五月，贾秋壑将一瓮长春法酒和酒方一起进献给理宗赵昀。皇上想饮用，而停下来两次。李坦高忠辅任阁长兼内辖奏道："愿先赐臣一盏，候三五日药力

---

[1] 厚朴：别名紫朴、紫油朴、温朴等，为木兰科木兰属植物。厚朴味辛、性温，具有行气化湿、温中止痛、降逆平喘的功效。

[2] 制：净制，净选加工。经净制后的药材称为"净药材"。药材在切制、炮炙或调配制剂时，均应使用净药材。

078

效验，方可进御。"李因此得罪了贾。在七月十三日这天，居民房屋失火，修内司派人来扑救，官兵见火势要蔓延到和宁门，李于是下令拆民房来保护皇宫。贾秋壑说道：不遵守朝廷指挥管辖。唆使谏官上疏，太学向朝廷申冤，屡次被贬后到郁林州，除名被勒令停职。

方为：

当归	川芎	半夏
青皮	木瓜	白芍药
黄芪（用蜜烤过）	五味子	肉桂（去粗皮）
熟地黄	甘草（炙过）	白茯苓
薏苡仁（烤过）	白豆蔻仁	缩砂
槟榔	白术	橘红
枇杷叶（去毛，烤过）人参		麦蘖（炒过）
藿香（去土）	沉香	木香
草果仁	杜仲（炒过）	神曲（炒过）
南香	桑白皮（蜜炒）厚朴（用姜烤过）	
丁香	苍术（净制）	石斛（去根）

以上各药材分别加工好，净称三钱，等分成二十包，每用一包，用生绢袋盛，浸泡在一斗酒内。春季需七天、夏季需三天、秋季需五天、冬季需十天。每天清晨喝一杯，中午喝一杯，非常有功效。有除湿、实脾、去痰饮、行滞气、滋血脉、壮筋骨、宽中快膈、进饮食的功效。

神仙酒奇方

专医瘫痪、四肢拳挛①，风湿感搏②重者宜服之。

五加皮（二两。并心锉，去土），紫金皮③（并骨④锉，去土），当归须（六钱。洗净，锉）。

右件㕮咀。用酒一瓶浸三宿（夏一宿）。更用⑤好酒一瓶，取酒一盏，入未浸酒一盏。每月两盏，暖服。两瓶酒尽时，自有神效。

【译】专治瘫痪、四肢拳挛，风湿相搏重症的人适合服用。

五加皮（二两。去掉土，连心一并锉过），紫金皮（去掉土，连根一并锉过），当归须（六钱。洗净，锉过）。

以上中药均㕮咀。用一瓶酒浸泡三夜（夏季浸泡一夜）。另用一瓶上好的酒，取一盏浸泡药材的酒加入一盏未浸泡酒中。每月两盏酒，温服。两瓶酒喝完时，自然就有神效。

---

① 拳挛（luán）：蜷曲不能伸直。

② 风湿感搏：风湿相搏。指风邪与湿邪侵入人体肌表筋骨后，互相搏击所出现的病变。

③ 紫金皮：中药名。又名火把花、胖关藤、紫金藤、黄藤根等。为卫矛科植物昆明山海棠的全株或根皮。性味苦涩、温，剧毒。有续筋接骨、祛风除湿等功效。

④ 骨：这里指带根的紫金皮。

⑤ 更用：另用。

天门冬酒

醇酒①一斗，六月六日曲末一升，捣粗末，好糯米五升作饭，天门冬煎五升，其煎但如稀饧②即得。米须淘讫、晒干，取天门冬汁浸曲，如常法③。候熟，炊饭，适寒温④。用煎⑤和饭，令相入⑥投之。夏七日。勤看，勿令热。春冬十月，密封闭之。熟，榨滤。每服三合。再欲造地黄、枸杞、五加皮、姜蕤⑦、黄精、白术诸药酒，并准此法。秋夏饭须冷下，春冬须稍温，看时候方下之。合须九月尽、三月前。

又法：取天门冬三十斤，捣碎，煮取汁，依常法以作酒。少少⑧饮之，滓作散⑨服尤佳。

【译】一斗味道醇厚的酒，将一升六月六日的曲末捣成粗末，五升好糯米煮饭，用酒将天门冬煎煮成五升，煎煮成像糖稀一样即可。米要淘洗干净、晒干。取天门冬煎汁来浸泡曲末，采用常用的方法。将米煮饭并熟，要根据气候环境

---

① 醇酒：味道醇厚的酒。

② 稀饧：糖稀。

③ 常法：常用的方法。

④ 适寒温：要根据气候环境变化。

⑤ 煎：应为"煎汁"，漏一"汁"字。

⑥ 相入：互相为用；彼此投合。

⑦ 蕤（ruí）：指草木的花下垂的样子。

⑧ 少少：稍微。

⑨ 散：中成药剂型之一。由一种或数种药材粉碎成细粉混合而成的干燥药粉，按医疗用途分内服散和外用散。

变化。用煎汁、曲末来和饭，彼此投合。夏季要经过七天。勤观察，不要发热。在春季或冬十月，要密闭严实。熟后压榨并过滤。每次服用三合。再想做地黄、枸杞、五加皮、姜蕤、黄精、白术等药酒，都按照这种方法。秋夏季时饭要凉后投入，春冬季饭要稍温一些，看准时机再投入。最好在九月结束至三月之前。

另一种方法：取三十斤天门冬，捣碎，煮制取汁，按常用的方法来做酒。少量饮用，天门冬渣滓做成散剂来服用更好。

枸杞五加皮三酘酒

牛膝，五加根茎，丹参，枸杞根，忍冬①，松节②，枳壳③枝叶。

右件各切一大斗，以水三大石于大釜④中煮，取六大斗，去滓，澄清水，准⑤凡水数浸曲，即用米五大斗炊饭。熟讫，取生地黄细切一斗，捣如泥和下。第二酘，用米五斗

① 忍冬：中药，忍冬藤。又名忍冬草、千金藤、通灵草等。系取忍冬的茎藤加工而成。有清热、解毒、通络等功效。

② 松节：中药。又名黄松木节、油松节、松郎头等。为松科植物油松、马尾松或云南松的枝干的结节。性味苦、温，无毒。有祛风、燥湿、舒筋、通络等功效。

③ 枳壳：为双子叶植物药芸香科植物酸橙及其栽培变种近的干燥未成熟果实。为常用中药，性微寒，味苦、辛、酸。

④ 釜：古代的炊事用具，相当于现在的锅。

⑤ 准：依据；依照。

炊饭，取牛蒡根细切二斗，捣如泥，和饭下，消讫①。第三
骰，用米二斗炊饭，取大秋麻子一斗，熬，捣令极细，和
饭，下之。候稍冷热，一依常法。候酒味好，即去糟饮之。
如酒冷不发，即更以少曲末骰之。若味苦薄，更炊二三斗米
骰之。若饭干不发，取诸药等分，量多少煎汁，热骰之②。
候熟，去糟，量性饮之多少。常令有酒气，老少男女皆可
服，亦无所忌。以上三骰酒，去风劳③气冷④，令人肥健，走
及奔马⑤。

【译】药材有牛膝、五加根茎、丹参、枸杞根、忍冬、
松节、枳壳的枝叶。

将以上药材各切一大斗，取三大石水在大釜中煮制，
取六大斗，去掉渣滓，澄清水，依照水的数量来浸泡曲，随
即用五大斗米来煮饭。饭熟后，取一斗细切的生地黄，捣成
泥下入调和。第二投，用五斗米煮饭，取两斗细切的牛蒡
根，捣成泥，下入饭中调和，使牛蒡根完全溶解到饭里。第
三投，用两斗米来煮，取一斗大秋麻籽，熬过，捣得极碎，
下入饭中调和。待冷热温度适宜的时候，按照常用的方法发
酵。等酒味好的时候，可去糟饮用。如果酒冷不发酵，可以

---

① 消讫：使消失后。这里似指牛蒡根完全溶解到饭里。

② 热骰之：趁热投之。

③ 风劳：虚劳病复受风邪者。

④ 气冷：冷气。古指因哀痛过甚而致的气逆之症。

⑤ 走及奔马：形容饮此酒后，可以增强人的腿力，能跑得像奔马一样迅速。

再投入少许曲末。如果酒味苦、薄，再取两三斗米煮饭投进去。如果饭干不发酵，取等量的上述药材，根据数量多少来煮汁，趁热投进去。等熟后，去掉糟，根据药性来控制服用的量。经常保持有酒味，男女老少都可以服用，也没有忌讳。这个三投酒，可以祛风劳气冷、使人肥硕健壮、增强人的腿力。

天台红酒方

每糯米一斗用红曲二升，使酒曲两半①或二两亦可。洗米净，用水五升、糯米一合，煎四五沸，放冷，以浸米。寒月②两宿，暖月③一宿。次日漉米，炊十分熟。先用水洗红曲，令净，用盆研或捣细亦可。别用温汤一升发起曲，候放冷，入酒。曲不用发，只捣细，拌令极匀熟，如麻餈④状，入缸中。用浸米泔拌，手擘极碎，不碎则易酸。如欲用水多，则添些水。经二宿后一一翻，三宿可榨。或四五宿可以香。更看香气如何。如天气寒暖，消详⑤之榨了，再倾糟入缸内。别用糯米一升，碎者用三升，以水三升煮为粥，拌前糟。更酿一二宿，可榨。和前酒饮。如欲留过年，则不可和。若更用水拌糟浸作第三酒亦可。

---

① 两半：一两半。

② 寒月：寒冷的月令，指冬天。

③ 暖月：指夏天。

④ 餈（cí）：糍粑，一种以糯米为主要原料做成的食品。

⑤ 消详：端详；揣摩。

【译】每一斗糯米加入两升红曲，加一两半或二两酒曲也可以。将米洗净，将五升水、一合糯米煮四五开，晾凉后用来浸泡剩余的糯米。冬天需浸泡两夜，夏天需浸泡一夜。泡后第二天将米过滤，煮饭至十分熟。先用水将红曲洗净，用盆研磨或捣细也可以。再加入一升温水发酵起曲，晾凉后加入酒。曲不用发，只捣细就可以，拌均匀拌透，像糍粑的样子，投入缸中。用泡米水拌曲，手要将曲掰得很碎，不碎容易酸。如果想用水多，就添些水。经过两夜后翻一翻，三夜以后就可以压榨了。要是四五夜可以有香气。再看香气如何。根据天气的冷暖，揣摩时机去压榨酒糟，将酒糟倒入缸内。再取一升糯米（碎糯米用三升），用三升水煮成粥，来拌前面说的酒糟。再酿一两夜，就可以压榨了。调和前面的酒后可以饮用。如果想留至过年，就不可以调和酒。如另用水拌酒糟浸泡成第三次的酒也可以。

鸡鸣酒

歌括云：

甘泉六碗米三升，做粥温和曲半斤。

三两饧稀二两酵，一抄麦蘖要调匀。

黄昏时候安排了，来朝便饮瓮头春。

右先将糯米三升净淘，水六升，同下锅，煮成稠粥。夏摊冷，春秋温，冬微热。曲、酵、麦蘖皆捣为细末，同饧稀下在粥内，拌匀。冬五日、春秋三日、夏二日成熟。

为好酒矣。

【译】歌诀道：

甘泉六碗米三升，做粥温和曲半斤。

三两饧稀二两酵，一抄麦蘖要调匀。

黄昏时候安排了，来朝便饮瓮头春。

先将三升糯米淘净，加六升水同下锅，煮成稠粥。夏季要摊开晾凉，春秋季要温，冬季要微热。将曲、酵、麦蘖都捣成细末，将饧稀下在粥内，拌匀。冬季五天、春秋季三天、夏季两天即可成熟。这是好酒。

又法

就此料内加官桂、胡椒、良姜、细辛、甘草、川乌（炮）、川芎、丁香，以上各半钱，碾为细末。和粥时同搅匀在内。其味尤妙，香美异常①。

【译】上述原料内加入官桂、胡椒、良姜、细辛、甘草、川乌（炮）、川芎、丁香，加入的料各半钱，碾成细末。调粥时一并搅匀在粥内。味道非常妙，特别香美。

满殿香酒曲方

白面（一百斤），糯米粉（五斤），木香（半两），白术（十两），白檀（五两），甜瓜（一百个。香熟，去皮、子，取汁），缩砂、甘草、藿香（各五两），白芷，丁香，莲花（二百朵。去莲，取汁），广苓苓香（各二两半②）。

---

① 异常：非常；特别。

② 各二两半：指白芷、丁香、广苓苓香各取用二两半。

右件九味，碾为细末，入面粉内，用莲花、瓜汁和匀，踏作片，纸袋盛，挂通风处。七七日可用。每米一斗，用曲一斤。夏月闭瓮，冬月待微发，作糯米稀粥一碗，温时投之，谓之"搭甜"。

【译】白面（一百斤），糯米粉（五斤），木香（半两），白术（十两），白檀（五两），甜瓜（一百个。要选香且熟的，去掉瓜皮、瓜籽，取汁），缩砂、甘草、藿香（各五两），莲花（二百朵。去莲，取汁），白芷、丁香、广苓苓香（各二两半）。

将以上九味中药均碾成细末，放入面粉内，用莲花汁、瓜汁和匀，按成片状，装入纸袋，挂在通风的地方。四十九天后就可以使用了。每一斗米，用一斤曲。夏季将瓮封闭，冬季微微发酵时，做好一碗糯米稀粥，在粥温的时候投进去，这称为"搭甜"。

蜜酿透瓶香

用蜜二斤半，以水一斗慢火熬及百沸，鸡翎掠去沫。再熬，沫尽为度。官桂、胡椒、良姜、红豆、缩砂仁，以上各等分，碾细为末。右将熬下蜜水，依四时下之。先下前药末八钱，次下干曲末四两，后下蜜水。用油纸封，箬叶七重密①。冬二十日、春秋十日、夏七日熟。

【译】取两斤半蜜，加一斗水用慢火熬至百沸，用鸡

---

① 密：密后漏"裹"或"封"字。

翎撇去浮沫。再熬，直到浮沫没了为止。取官桂、胡椒、良姜、红豆、缩砂仁，以上料均相同分量，碾成细末。再将熬好的蜜水按四时投入。先下八钱碾好的药末，再下四两干曲末，最后下蜜水。用油纸封闭，再裹上七层箬叶密封。冬季二十天、春秋季十天、夏季七天就熟了。

羊羔酒法

用精羊肉①五斤，用炊单②裹了，放糜③底蒸熟，干，劈④作片子。用好糯酒浸一宿，研烂，以鹅梨七只去皮核，与肉再同研细，纱滤过，再用浸肉酒研滤三四次。用川芎一两为末，入汁内搅匀。泼在糯米脚、糜肉下脚。用曲依常法。

【译】将五斤精羊肉用炊布裹好，放在稠粥里蒸熟，晾干，切成片状。将肉片用好糯米酒浸泡一夜，研烂，取七只鹅梨去掉皮、核，与肉再一同研磨细，用纱滤过，再用泡肉的酒研磨、过滤三四次。将一两川芎碾成末，加入肉汁中搅匀即可。可以将酒曲泼入糯米余料、糜肉余料里。用酒曲时要按照常用的方法。

菊花酒法

以九月菊花盛开时，拣黄菊嗅之香尝之甘者摘下，晒干。每清酒一斗，用菊花头二两，生绢袋盛之，悬于酒面

---

① 精羊肉：瘦羊肉。

② 炊单：炊布。

③ 糜：粥之稠者曰糜。

④ 劈：这里是"切"的意思。

上，约离一指高，密封瓶口。经宿①，去花袋。其味有菊花香又甘美。如木香、腊梅花一切有香之花，依此法为之。盖酒性与茶性同，能逐诸香而自变②。

【译】在九月菊花盛开的时候，选闻着香且尝着甜的黄菊摘下，晒干。每一斗清酒，用二两菊花头，将菊花用生绢袋来盛，悬在离酒大约一手指高的地方。将酒瓶口密封。经过一夜的时间，去掉花袋。酒的味道是既有菊花的香气又很甜美。如果选用木香、蜡梅花等一切有香的花，也按照这种方法来做。酒性与茶性相同，酒能随着各种花的香气而改变自己的香味。

治酸薄酒作好酒法

官桂、白茯苓（去皮）、陈皮、白芷、缩砂、良姜（各一两），甘草（五钱），白檀（五钱），沉香（少许）。

右用生绢袋一个，盛前药味在内。用甜水五大升煮十沸，将绢袋药取出。蜜六两熬去蜡滓，入前药汁内滚二三沸。又，用好油四两，熬令香熟，入前药汁内再滚二三沸，瓷器盛之。量酒多少，入药，尝之。

【译】官桂、白茯苓（去皮）、陈皮、白芷、缩砂、良姜（各一两），甘草（五钱），白檀（五钱），沉香（少许）。

---

① 经宿：经过一夜的时间。

② 逐诸香而自变：酒能随着各种花的香气而改变自己的香味。

用一个生绢袋，将前面这些中药盛入袋内。用五大升甜水煮十开，取出绢袋药。将六两蜜熬去蜡渣，放入前面的药汁内煮两三开。另，用四两好油，熬至香熟，放入前面的药汁内再煮两三开，用瓷器来盛装。根据酒的数量多少来加药，要尝一下。

南番烧酒法①

（番名"阿里乞②"）

右件③不拘酸甜淡薄，一切味不正之酒，装八分一瓶，上斜放一空瓶，二口相对。先于空瓶边穴一窍④，安以竹管作嘴，下再安一空瓶，其口盛住上竹嘴子。向二瓶口边，以白瓷碗碟片遮掩令密，或瓦片亦可。以纸筋⑤捣石灰厚封四指⑥。入新大缸内坐定⑦，以纸灰实满，灰内埋烧熟硬木炭火二三斤许，下于瓶边，令瓶内酒沸。其汗⑧腾上空瓶中，就空瓶中竹管却溜下所盛空瓶内。其色甚白，与清水无异。酸

---

① 南番烧酒法：我国南方邻国的制烧酒的方法。一说系印度的制法。番，指外国或外族。

② 阿里乞：南番烧酒的音译。《饮膳正要》中载外国烧酒名"阿拉吉酒"，此外还有"轧赖吉""哈剌基"等名。

③ 右件：这里指一些味道不太好的酒。

④ 窍：孔。

⑤ 纸筋：用白纸筋或草纸筋，使用前应用水浸透、捣烂、洁净。

⑥ 四指：指四个手指的宽度。

⑦ 坐定：在大缸内放平稳。

⑧ 汗：指酒沸腾后的蒸汽。

者味辛、甜，淡者味甘。可得三分之一好酒。此法腊煮等酒皆可烧。

【译】不论酸甜淡薄，一切味道不正的酒，取一瓶装八分，上面斜放一空瓶，两个瓶口相对。先在空瓶边开一个孔，安装上用竹管做的嘴，下面再放一个空瓶，其瓶口盛住上面的竹管嘴子。向二瓶口边，用白瓷碗碟片遮盖严实，或者用瓦片也可以。以纸筋所捣的石灰封四个手指的厚度。放入新的大缸内且放稳定，用纸灰来填满，灰内埋入两三斤烧熟的硬木炭火，放在瓶边，使瓶内的酒沸腾。酒沸腾后的蒸汽进入空瓶中，从空瓶中的竹管流入下面的空瓶内。它的颜色很白，与清水没有差别。酸者味辛、甜，淡者味甘。可以得到三分之一的好酒。用这种方法腊煮等酒都可以烧制。

白酒曲方

（附酿法）

当归、缩砂、木香、藿香、苓苓香、川椒、白术（以上）各一两，官桂三两，檀香、白芷、吴茱萸、甘草各一两，杏仁一两（别研为泥）。

右件药味并为细末。用白糯米一斗，淘洗极净，舂为细粉，入前药和匀。用青辣蓼取自然汁溲拌，干湿得所，捣六七百杵，圆如鸡子大①。中心捺一窍，以白药为衣。稗草

---

① 圆如鸡子大：做成像鸡蛋一般大的圆形。

去叶，觑①天气寒暖，盖闭一二日。有青白醭，将草换了，用新草盖。有全醭②，将草去讫。七日，聚作一处，逐旋散开，斟酌发干。三七日，用筐盛顿，悬挂，日曝夜露③。每糯米一斗，七两五钱重④。苏⑤、湿、破者不用。

【译】当归、缩砂、木香、藿香、苓苓香、川椒、白术（以上）各一两，三两官桂，檀香、白芷、吴茱萸、甘草各一两，一两杏仁（单独研成泥）。

以上中药材一并碾成细末。将一斗白糯米，淘洗得非常干净，舂成细粉，加入前面的药和匀。用青辣蓼取自然汁溲拌，干湿适度，捣六七百杵，做成像鸡蛋一般大的圆形。中心按一个孔，用白药作衣。用去叶的稗草，观察天气的寒暖，封盖一两天。曲团上有了青白醭，便将草换掉，再用新草覆盖。曲团上全部生了霉，将草去除净。七天后，将曲聚成一团，再慢慢散开，斟酌发干。二十一天后，用筐盛好，悬挂起来，白天被太阳晒，夜晚被露水打湿。每一斗糯米，要加七两五钱酒曲。松、湿、破的酒曲不能用。

酿法

新白糯米浆浸，陈糯米水浸一宿。淘以水清为度。烧滚

---

① 觑（qù）：看，偷看，窥探。

② 全醭：指曲团上全部生了霉。

③ 日曝夜露：白天被太阳晒，夜晚被露水打湿。

④ 七两五钱重：酒曲的分量。

⑤ 苏：同"酥"，指酥松了的酒曲。

锅，甑内汽上，渐次①装米，蒸熟。不可太软，但如硬饭，取匀熟而已。饭熟，就炊箪②揜③下，倾入竹筐内。下面以木桶承④之，栈定⑤，以新汲水浇。看天气，夏极冷、冬放温，浇毕，以面先糁瓮中⑥。如饭五斗，先用二斗曲末同拌极匀，次下米与曲拌匀。中心拨开，见瓮底，周围按实。待隔宿有浆来，约一碗，则用小勺浇于四围。如浆未来，须待浆来而后浇。要辣，则随水下；欲甜，更隔一宿下水。每米一石，可下水六七斗。如此，则酒味佳。天寒，覆盖稍厚。夏四日、冬七日熟。在瓮时，有浆来即浇，不限遍数。用小勺斠起浆在四边浇泼。下水了，不须浇。

【译】新白糯米用浆浸泡，陈糯米要用水浸泡一夜。淘洗至水清为止度。烧开锅，甑内上汽后，逐渐装入米，蒸熟。不要蒸太软，但是如果饭硬，要让饭均匀熟透就可以。饭熟后，抬起炊箪取下，倒入竹筐内。下面用木桶来盛，栈定，用刚打的井水来浇。根据天气，夏季要非常凉、冬季要放温，浇后，将面先撒在瓮中。如果取五斗饭，就先用两斗曲末来一同拌至非常均匀，然后下入米与

① 渐次：逐渐，渐渐。

② 箪：用荆条、竹子等编成。

③ 揜（yǎn）：覆而取之。

④ 承：承接。

⑤ 栈定：不详。

⑥ 以面先糁瓮中：将面先撒在瓮中。

曲拌匀。在中心拨开作窝，要能看见瓮底，周围按瓷实。等隔一夜有浆出来，大约是一碗，就用小勺浇于四周。如果浆没出来，要等浆出来后再浇。想要口味辣，就随水下入；想要口味甜，就隔一夜下水。每一石米，可下六七斗水。按这样操作，酒味就会很好。天气寒冷的时寒，覆盖物要稍微厚一些。夏季要四天、冬季要七天就熟了。在瓮里时，有浆出来就浇，不限制次数。用小勺舀起浆顺着四周浇泼。下水了，就不需要浇了。

用水法

每造米一石，内留五升，用水八斗半熬作稀粥。候冷，投入醅①内。此即"用水法"也。

【译】每造一石米，要内留五升，用八斗半的水将米熬成稀粥。等晾凉后，投入没有滤过的酒内。这就是"用水法"。

听浆法

下了脚，须至一伏时②揭起，于所盖荐③外，听闻索索④然有声，即是浆来了。后又隔两日下水。仍先将糟十字打开，翻过下水，不搅，仍旧作窝。更待二三日方可上榨。

---

① 醅（pēi）：指没有滤过的酒。

② 一伏时：一昼夜。

③ 荐：草垫子。

④ 索索：形容轻微的声音。

【译】下了脚，就需要一昼夜后再揭起，如在所盖的草垫子外，听到索索的声音，就是浆来了。然后隔两天再加水。仍先将糟十字拨开，翻过后加水，不要搅动，仍旧作一个窝。等过了两三天才可以压榨。

造诸醋法

造七醋法

假如①黄陈仓米②五斗，不淘净。浸七宿，每日换水二次。至七日，做熟饭。乘热便入瓮，按平，封闭，勿令气出。第二日，翻转动。至第七日开，再翻转。倾入井华水③三担，又封闭。一七日搅一遍，再封。二七日再搅，至三七日即成好醋矣。此法甚简易，尤妙。

【译】例如用五斗黄陈仓米，不用淘净。要浸泡七夜，每天要换两次水。到了第七天，蒸成熟饭。趁热盛入瓮中，按平，封闭，不要让热气出来。第二天，翻转一下。到了第七天打开瓮，再翻转一下。倒入三担清晨初汲的水，再封闭。到了第七天搅动一遍，再封闭。到了第十四天再搅，到了第二十一天就酿成好醋了。这种方法很简易，非常妙。

造三黄醋法

于三伏中，将陈仓米一斗淘净，做熟硬饭，摊令匀。候冷定，饭面上以楮叶④盖，或苍耳、青蒿皆可。罨⑤作黄衣

---

① 假如：譬如，例如。

② 陈仓米：入仓年久而变色的米。

③ 井华水：井花水。清晨初汲的水。

④ 楮叶：楮树的叶子。

⑤ 罨（yǎn）：罨黄。指掩盖发酵物，保湿保温，以利霉菌发育，长成黄色孢子。

上^①，去掩盖之物。翻转过。至次日，晒干。簸^②去黄衣，净器收贮。再用陈米一斗，做熟硬饭，晒干，亦用净器收贮。至秋社日^③，再用陈米一斗做熟饭。与上件黄子^④、干饭拌和匀，下水，饭面上约有四指高水。纱帛蒙^⑤头，至四十九日方熟，慎勿动着，谮其自然成熟。此法极妙。

【译】在三伏中，将一斗陈仓米淘洗干净，蒸熟且是硬饭，均匀摊开。等饭凉了以后，用楮叶盖在饭上，或者用苍耳、青蒿也可以。掩饭且长出黄衣后，去掉掩盖物。翻转一下。到第二天，晒干。簸去黄衣，收贮在干净的容器里。再将一斗陈米，蒸熟且是硬饭，晒干，也收贮在干净的容器里。到了秋社日，再将一斗陈米做熟饭。与前面经过罨黄的米饭、干饭拌和均匀，加入水，水位须在饭面上约四指高。用纱帛覆盖，直到四十九天后才熟，注意不要动它，让它自然发酵成熟。这种方法非常妙。

造小麦醋法

陈仓米一斗，或糯米亦可用。水浸一宿，炊作饭，摊温冷。粗曲二十两，捣细，火焙干，以纸衬地上，出火气。拌

---

① 作黄衣上：将饭掩后，长出黄衣。黄衣，这是曲菌（一种丝状菌）在饭上生育、繁殖出来的。因为曲菌孢子呈黄色，故叫"黄衣"。

② 簸（bǒ）：动词。用簸箕颠动米粮，扬去糠秕和灰尘等。

③ 秋社日：秋季祭祀土地神的日子。始于汉代，后世在立秋后第五个戊日。

④ 黄子：指前面经过罨黄的米饭。

⑤ 蒙：覆盖。

饭匀，放净瓮内，入新汲水三斗。又拌匀，擂，捺平。用纸两三层密封瓮口，勿见风，向南方安。候四十九日开，用小麦二升炒焦，投入瓮内。少顷，取醋于锅内煎沸，入瓶了。上用炒麦一撮，醋久不坏。取头醋了，再用水一斗半酿第二醋，旬日①可取食之。第二醋了，又用水七升半酿第三醋，更数日取食之。第三醋了（二、三醋欲食，须用炒焦麦半升许，入瓮内搭色），犹可取第四醋，味尚如街市中卖者。此醋妙不可言。米醋热者，盖谓炒米耳。此法用炊米，所以性平。

【译】取一斗陈仓米，糯米也可以用。用水浸泡一夜，蒸成饭，摊开放至温凉。将二十两粗曲捣细，用微火烤干，用纸衬地上，将火气散出。均匀地拌入饭中，再放入干净的瓮内，加入三斗刚刚打出来的井水。再拌匀，擂过，按平。用两三层纸密封瓮口，不要见风，朝南方放置。等四十九天后打开，将炒焦的两升小麦，投入瓮内。一会儿，取醋在锅内煮开沸，放入瓶中。上面加一撮炒麦，醋会长久不坏。如果取了第一遍醋，再加入一斗半的水酿第二醋，十天后就可以取食了。如果取了第二醋，再加入七升半的水酿第三醋，过几天就可以取食了。如果取了第三醋（如果取食二、三醋，需要加入半升左右的炒焦麦，放入瓮内来搭色），还可以取第四醋，味道就像街市

———————————

① 旬日：十天。

中卖的一样。这此醋妙不可言。大概做米醋大多用的是炒米。这种方法用的是米饭，所以性平。

造麦黄醋法

小麦不拘多少，淘净。用清水浸三日，漉出，控干，蒸熟。于暖处摊开，铺放芦席上，楮叶盖之。三五日，黄衣上，去叶晒干，簸净，入缸，用水拌匀。上面可留一拳水①。封闭。四十九日可熟。

【译】小麦不限制数量多少，淘洗干净。用清水浸泡三天，捞出，控干水分，蒸熟。在暖和的地方摊开，铺放在芦席上，用楮叶覆盖。三五天后，长出黄衣，去掉楮叶晒干，簸干净，下入缸中，用水拌匀。上面可留一拳高的水。封闭严实。四十九天后醋就酿熟了。

造大麦醋法

大麦仁二斗。内一斗炒令黄色，水浸一宿，炊熟。以六斤白面拌和，于净室内铺席摊匀，楮叶覆盖。七日黄衣上，晒干。更将余者一斗麦仁炒黄，浸一宿，炊熟，摊温，同和入黄子，捺在缸内，以水六斗匀搅，密盖。三七日可熟。

【译】两斗大麦仁。将其中一斗炒至黄色，用水浸泡一夜，蒸熟。加入六斤白面拌和，在干净的屋内铺席上摊匀，用楮叶覆盖。七天后长出黄衣，晒干。再将剩下的一斗麦仁炒黄，浸泡一夜，蒸熟，摊开至不冷不热，将前面经过

---

① 一拳水：指约一拳高的水。

鬲黄的麦仁和入，按在缸内，加入六斗水搅匀，盖盖密封。二十一天后醋就酿熟了。

造糟醋法

腊糟①一石，水泡，粗糠三斗，麦麸二斗。

右件和匀，温暖处放，鬲盖。勤拌、捺。须气香，咂②尝有醋味，依常法制造淋之。按四时添减。春秋用糠四斗半、麸二斗；夏糠三斗、麸二斗；冬糠五斗、麸三斗。觑天气加减造之。

【译】用水浸泡过的一石腊糟，三斗粗糠，两斗麦麸。

以上原料和匀，放在温暖的地方，覆盖鬲黄。要勤拌、要按实。需有香气，仔细品尝有了醋味，就按常用的方法去浇淋去制造。要根据四季来增减原料。春秋季用四斗半糠、两斗麸；夏季用三斗糠、两斗麸；冬季用五斗糠、三斗麸。观察天气增减所用原料来制造醋。

造饧糖醋法

饧稀一斤，水三斤。

先将水入锅煎数沸，豁出，倾入饧搅匀。伺温，入白曲末二两，同搅匀，装瓶内，纸封，日晒。春秋一月、冬四十五日、夏二十日熟。甚香美。下了③，到二十日，之上

① 腊糟：冬日酿酒的酒糟。可用于腌制食物。

② 咂（zā）：仔细辨别。

③ 下了：对上文的补充说明，指将饧稀、曲末装瓶。

有一层白醭面子，休①搅动，至自落②时，乃成熟也。若不日晒，只安顿净处，勿得动摇，任其自然，尤妙。

【译】一斤饧稀，三斤水。

先将水入锅中煮几开，全部倒入饧稀内并搅匀。等到不冷不热了，加入二两白曲末，一并搅匀，装入瓶内，用纸封闭，在阳光下晒制。春秋季需要一月、冬季需要四十五天、夏季需要二十天醋就酿熟了。味道非常香美。将饧稀、曲末装瓶，到了二十天，上面会有一层白醭面子，不要搅动，等它自行沉没时，醋也就酿成熟了。如果不经过日晒，只有放在干净的地方，不要摇动，任其自然发酵，会非常好。

造千里醋法

乌梅去核，一斤许，以酽醋③五升浸一伏时，曝干。再入醋浸，曝干。再浸，以醋尽为度。捣为末，以醋浸钲饼④和为丸，如鸡头⑤大。欲食，投一二丸于汤中，即成好醋矣。

【译】将乌梅去核，用一斤左右，在五升浓醋中浸泡一昼夜，暴晒至干。再加入浓醋浸泡，暴晒至干。再浸泡，直到将浸泡醋用完为止。晒干后捣成末，加醋浸泡蒸成饼做成

---

① 休：不要。

② 自落：指白醭面子自行沉没。

③ 酽醋：浓醋。

④ 钲（zhēng）饼：一本作"蒸饼"。

⑤ 鸡头：芡实。

丸，像芡实一样大小。吃的时候，投一两丸在水中，就成了好醋。

造麸醋法

初取面麸，先以五斗用水①和匀，可作团即止。上甑蒸。合作黄子，须楮叶盖两日后成黄。即打②，聚作一堆，盦③过夜，晒干。先量起五升黄，留作二醋。然后用陈米一斗二升（五升亦不妨）浸一夜，次早和先留麸皮五斗，用和匀，蒸饭熟，稍冷，与黄子入缸，一处打拌。入水约五升瓶或二十瓶以上，搅匀。用芦席一片。如缸口裁圆，中开方一尺窍，草布且糊一边④四外芦与缸缘悉糊了⑤，置日中晒。次早以杖物入草布窍，入搅翻，如此三早，止。须看潮候，糊了三面草布⑥。三伏晒一月。如月阴⑦，多剩晒十数日，却榨下锅煎数沸，以净洁瓶盛。每瓶入炒麦一撮，纸厚封，纸上放草灰一把。愈客气⑧，置高处，勿着地气。二醋榨头醋，

① 用水：指日常所用的水，南方口语。

② 打：除去。这里指除去楮叶。

③ 盦（ān）：盦黄。

④ 草布且糊一边：用布草暂且将芦席盖上的正方形洞口糊上一边。这是为了可以掀开布入缸搅。

⑤ 四外芦与缸缘悉糊了：洞口外的芦席及芦席盖与缸口之间的缝均要糊上。

⑥ 须看潮候，糊了三面草布：大意是等到缸内的混合物发酵涨开了，就可以将缸盖口的草布的另三面糊了。

⑦ 月阴：农历以十二地支纪月的别名。地属阴，故名。

⑧ 愈客气：此处何意不详。客气，中医术语，指侵害人体的邪气。

先一日煎下熟汤①十瓶，次早以先留黄子五升，与头醋糟和匀，以所煎冷汤搅和。如前封盖。却不须"三打七晒"。

【译】先取面麸，用五斗水和匀，到能做成团就可以了。上甑蒸制。准备做黄子，要用楮叶覆盖两天后才能成黄。即除去楮叶，堆成一堆，经过一夜的罨黄，晒干。先称出五升黄子，留作二醋。然后将一斗两升陈米（五升也可以）浸泡一夜，第二天早晨同之前留下的五斗麸皮，和匀，蒸饭至熟，晾稍凉，同黄子一并入缸，一起搅拌。加入水约五升瓶或二十瓶以上，搅匀。取一片芦席。按缸口裁剪，中间裁方一尺的洞，用布草暂且将芦席盖上的正方形洞口糊上一边，再将洞口外的芦席及芦席盖与缸口之间的缝均要糊上，放在阳光下晒制。第二天早晨掀开布用木棍入缸搅动，需按这样做三个早晨就可以了。等到缸内的混合物发酵涨开了，就可以将缸盖口的草布的另三面糊上了。三伏天要晒制一个月。如遇月阴，还要多晒十几天，压榨后下锅多煮几开，用干净的瓶子来盛。每个瓶子加入一撮炒麦，用纸来厚厚地封闭，纸上放一把草灰。若遇有邪气，则要放在高处，不要沾地气。榨二醋时头醋，要提前一天煮好十瓶开水，第二天早晨用先留好的五升黄子，与头醋糟和匀，用所煮的凉白开搅和。像之前一样盖严密封。不需要"三打七晒"。

① 熟汤：开水。

造糠醋法

每糟二十斤，用水一担，不拘。

冬月浸一宿，搅匀，以烂为度。如是，新糟使水一担半，稻糠随水拌糟，须按，令极匀，装入瓮。将满摊平，以糠盖或再用荐盖瓮口。频频看觑①。候热发②，便倒入别瓮。热不得太过③，太过则损味。如未热，不得动，依前盒盖④热。候四度⑤，逐旋随次⑥按匀，再腾⑦入淋瓮中。踏，令极实，虚则不中。煎汤淋之，为头醋。再煎汤淋，取第二醋。如要极酸，即将头醋煎，重淋新糟，其酸极佳。如此，欲得酸，即将第二醋煎沸，汤淋新糟，已是重淋醋。若更将逐瓮头醋再淋，恐太酸了。造成，用川椒装入干瓶，泥起⑧。不可近湿气。煎了，候冷装。造醋之法，惟要酸，酸之诀在发热时不可发过。化糟时须着水淋下，再淋，自然妙也。

【译】每二十斤糟用一担水，不拘数量。

冬季将糟浸泡一夜，搅匀，搅烂为止。像这样，新糟

---

① 频频看觑：经常察看。

② 热发：因发酵而发热。

③ 过：过头，超越正常限度之意。

④ 盒盖：覆盖。

⑤ 四度：四次。指将发热之糟糠倒入另一只瓮中，要倒四次。

⑥ 随次：跟随于后。

⑦ 腾：腾挪、移动。

⑧ 泥起：用泥封瓶口。

要用一担半的水，稻糠要随水拌糟，一定要按按，使其非常匀，装入瓮中。瓮快装满时将表面摊平，用糠来覆盖或再用草垫子盖住瓮口。经常察看。等到糟发酵且发热时，便倒入另一只瓮中。热度不要太过头，如果太过就会损味。如果没有发热，不要动，按照前面说的方法覆盖至发热。将发热之糟糠倒入另一只瓮中，要倒四次，逐渐跟着按匀，再腾挪到淋瓮中。踩一下，使其非常瓷实，不可以虚。煮水淋糟糠，淋下来的就是头醋。再煮水再淋，淋下来的就是第二醋。如果要口味非常酸，就将头醋煮一下，重新淋新糟，醋的酸度极佳。如此，想要口味酸，就将第二醋煮开，煮水淋新糟，已是重复淋醋。如果想将每个瓮的头醋再淋，恐怕会太酸了。醋造好后，用川椒装入干瓶，用泥封闭瓶口。不可以接近湿气。要煮过，等凉后再装瓶。造醋的方法，想要酸，酸的秘诀在于糟发热时不可以发过头。化糟时，需要用水淋下，再淋，自然会更好。

收藏醋法

但凡收醋，须用头出者装入瓶，每瓶烧红炭一块投之，掺炒小麦撮，箬封泥固。或有入烧盐者，反淡了味。

【译】凡是收贮醋的时候，都必须将先酿的醋装入瓶中，每瓶中投入一块烧红的炭，掺入一撮炒小麦，用箬叶封口并用泥封严实。有的人加烧盐，反而把醋的味道变淡了。

诸酱类

熟黄酱方

不拘黄、黑豆，亦不拘多少。拣净，炒熟，取出，磨成细末。每豆细末一斗，面一二斗，入汤和匀，切片子，蒸熟，摊在芦席上，用麦秸①、苍耳叶盦。待有黄衣，烈日晒，令极干。一片黄子入盐四两，井华水②投下，去③黄子一拳高。烈日晒之。

【译】制酱原料不限制黄豆或黑豆，也不限制数量。将豆子拣干净，炒熟，取出，磨成细末。每一斗豆细末，加入一二斗面，用热水和匀，切成片状，蒸熟后摊在芦席上，用麦秸、苍耳叶覆盖。等出现黄衣后，在烈日下晒制，晒得非常干燥。一片黄子加入四两盐，倒入清晨初汲的水，水面距离黄子要一拳高。要烈日下晒制。

生黄酱方

三伏中，不拘黄、黑豆，拣净，水浸一宿，漉出。入锅煮，令熟烂取出，摊令极冷，多用白面拌匀，摊在芦席上，用麦秸、苍耳叶盦。一日发热，二日作黄衣，三日后翻转，烈日晒干。愈晒愈好。秤黄子一斤，用盐四两为

---

① 麦秸（jiē）：麦类的秸秆，也称麦秆。

② 井华水：清晨的井水。古人认为清晨的井水中充满天地之精气，故称为井华水。

③ 去：距离。

率，汲井花水下，水高黄子一拳。晒不犯生水。面多好酱黄，晒多好酱味①。

【译】三伏天的时候，制酱原料黄豆或黑豆都可以，将豆子拣干净，用水浸泡一夜，捞出。下入锅中煮，煮至熟烂后取出，摊开放至非常凉，用白面拌匀，摊在芦席上，用麦秸、苍耳叶覆盖。第一天后发酵生热，第二天后生黄衣，第三天后翻一翻，在烈日下晒干。越晒越好。称一斤黄子，加入四两盐的比例，倒入清晨初汲的水，水面距离黄子要一拳高。晒制的时候黄子不能沾生水。面多则制出的酱黄质量好，晒时间长了则制成的酱就味道好。

小豆酱方

不拘多少，拣净，磨碎，簸去皮。再磨细，浸半日，控干，擦去皮。至来早②，水淘净，控干。面熟，搦③作团子，盒盖。候一月，方发过。用大眼篮④悬挂透风处。至来年二月中旬，用布擦去白醭。捣碎，再磨。每细曲二十斤，用盐六斤四两，以腊水化开。遇火日侵晨下⑤，两月可食。

【译】不限制数量多少，拣干净，磨碎，簸去皮。再

---

① 面多好酱黄，晒多好酱味：面多则制出的酱黄质量好，晒时间长了则制成的酱就味道好。

② 来早：第二天早晨。

③ 搦（nuò）：握。这里为捏之意。

④ 大眼篮：孔眼大的篮子。

⑤ 遇火日侵晨下：碰到火日天快亮时下料。火日，即丙日。五行中丙属火，故以丙为火的代称。古代以天干、地支纪时，今天还有以此法纪年的，但纪日已不用。

磨细，浸泡半日，控干水分，擦去皮。到了第二天早晨，用水淘净，控干水分。将豆面蒸熟，捏揉成团子，覆盖盖。经过一个月，才发酵过。装入孔眼大的篮子并悬挂在透风的地方。至到来年二月的中旬，用布擦去白醭。捣碎，再磨。每二十斤细曲，加入六斤四两盐，用腊水化开。在火日天快亮时下料，两个月后就可以食用了。

造面酱方

白面不拘多少，冷水和作硬剂①。切作一指厚片子，笼内蒸熟。摊晾三时②许后，曲子上干，以楮叶、苍耳、麦秸盒盖，至黄衣上匀为度。去盖物，翻转过。至次日晒干，刷去黄衣，捣碎。每斤盐四两。煎汤泡盐作水下之。

【译】白面不限制数量多少，用冷水和面做成硬的面剂子。切成一指厚的片子，上笼蒸熟。摊开晾约六个小时后，曲面上干燥了，用楮叶、苍耳、麦秸来覆盖，直到曲上均匀地生出黄衣为止。去掉覆盖物，翻一翻。到了第二天晒干，刷去黄衣，捣碎。每斤曲加入四两盐。煮水将盐化开再投入。

豌豆酱方

不拘多少，水浸，蒸软，晒干，去皮。每净豆黄③、小

---

① 剂（jì）：面团。因面和得软或硬称软剂或硬剂。也可由大小分成饺子剂、包子剂等。

② 三时：三个时辰，六个小时。

③ 豆黄：经过盒制长出黄衣的豆子。

麦一斗同磨，作曲。水和硬剂，切作片，蒸熟。覆盖①，盦黄衣上，晒干。依造面酱法用盐水下。

【译】（豌豆）不限制数量多少，用水浸泡，蒸软，晒干，去皮。每一斗净豌豆黄、小麦一同研磨，作曲。加水和成硬剂，切成片，蒸熟。用楮叶、苍耳、麦秸等覆盖，生出黄衣后晒干。按造面酱的方法用盐水投入。

榆仁②酱方

不拘多少，淘净，浸一伏时，搓洗去浮皮。再以布袋盛，于宽水③中揉洗去涎④，控干。与蓼汁同晒干⑤，再以蓼汁拌湿，同晒，如此七次。同发过面曲，依造面酱法，用盐水下之。每用榆仁一升，发过面曲四斤、盐一斤，如法制之。

【译】（榆仁）不限制数量多少，淘洗干净，浸泡一昼夜，搓洗掉浮皮。再盛入布袋，在大量的水中揉洗并去掉黏液，控干水分。将洗净控干的榆仁用蓼汁拌和后晒干，再用蓼汁拌湿，同晒，像这样共做七次。加入发酵的面曲，按照造面酱的方法，用盐水投入。每用一升榆仁，加入四斤发过面曲、一斤盐，按这种比例制作。

---

① 覆盖：用楮叶、苍耳、麦秸等覆盖。

② 榆仁：榆树的果仁。

③ 宽水：指大量的水。

④ 涎（xián）：黏液。

⑤ 与蓼汁同晒干：将洗净控干的榆仁用蓼汁拌和后晒干。

大麦酱方

黑豆瓣净者五斗，炒熟。水浸半日，再入锅用浸豆水煮，令烂。倾出，伺冷，以大麦面百斤拌，令匀。以筛筛下面，用煮豆汁和搜作剂。切作大片，上甑蒸熟。倾出，摊冷，以楮叶盦盖。候黄衣上，汗干，再晒，捣碎。拣丁日或火日下之。每斗黄子用盐二斤、井华水八升，化盐水入缸。

【译】选取五斗干净的黑豆瓣，炒熟。用水浸泡半天，再下入锅内用泡豆水煮制，煮烂。倒出，等凉后加入一百斤大麦面拌匀。用罗筛筛下面，用煮豆汁和面做成剂子。将剂子切成大片，上甑蒸熟。倒出，摊开晾凉，用楮叶覆盖。等生出黄衣，渗出的水分干了，再晒，捣碎。在丁日或火日投入缸中。每斗黄子用两斤盐、八升清晨初汲的水，将盐化入水中再入缸。

造肉酱法

獐、兔、羊肉等皆可造。

精肉（去筋膜，四斤，切），酱曲（一斤半。捣细用），盐（一斤），葱白（细切，一握），良姜、小椒、芜荑①、陈皮（各二两）。

右件糯酒拌匀，如稠粥，小瓮盛封。十余日，觑稠时，再入酒；味淡时，入盐。用泥封固。日曝之②。

① 芜荑：中药名。榆科榆属植物大果榆的种子经加工后的成品。有杀虫消疳、疗癣的作用。

② 日曝之：将盛肉酱的瓮放在太阳底下晒。

【译】獐、兔、羊肉等都可以造肉酱。

精肉（去掉筋膜，四斤，切过），酱曲（一斤半。捣细后用），盐（一斤），葱白（细切，一把），良姜、小椒、芜荑、陈皮（各二两）。

以上原料用糯酒拌匀，像稠粥一样，盛入小瓮后密封。经过十多天，观察如果稠，就再加糯酒；如果味道淡，就再加盐。用泥封闭牢固。将盛肉酱的瓮放在太阳底下晒。

造鹿醢①法

鹿肉（八斤。去筋膜，细切如泥），酒曲（一斤），小豆曲（一斤），红豆，川椒（六两，净），荜拨、良姜、茴香、甘草（各炙二两），桂心②（半两），芜荑末（一斤），肉豆蔻（二两），葱白（切作末。二升半）。

右为细末，同鹿肉和拌，用糯酒调匀，稀稠得所，小口缸盛，密封之。三五日一搅匀，则易似③。复密之，曝于庭，夜置暖处。百日可食。视稀稠加酒曲。

【译】鹿肉（八斤。去掉筋膜，细切得像泥一样），酒曲（一斤），小豆曲（一斤），红豆，川椒（六两，净），荜拨、良姜、茴香、甘草（各烤二两），桂心（半两），芜荑末（一斤），肉豆蔻（二两），葱白（切成

---

① 醢（hǎi）：用肉、鱼等制成的酱。

② 桂心：肉桂中的一种。

③ 易似：何意不详。

末。两升半）。

以上原料均加工成细末，同鹿肉拌和，加糯酒调匀，稀稠适度，盛入小口缸中，密封。三五天搅一下使之均匀，则易似。再将缸密封，放在庭院中晒制，夜晚放在暖和的地方。一百天后就可以食用了。根据肉酱的稀稠度来加酒曲。

造酱法

凡造酱，先以盐淘净，去泥渣、垃圾，酱自佳。先以缸盛水，次以梢箕①盛盐，于水中搅漉，好盐自隔箕儿下，垃圾、石土、粪草之类皆留箕中。须臾，缸面上又有一层黑泥末，以搭罗掠去之尽。缸中皆净咸水，盐如雪，自澄于缸底，别以器盛起。然后下酱。先用水逐旋入，白盐多留些，盖面上。和讫，以莳萝②撒酱面上，复以翎蘸好香油持抹酱面及缸。

【译】凡是造酱，都先把盐淘细干净，去除泥渣、垃圾，酱自然好。先用缸盛水，再用梢箕盛盐，在水中搅动过滤，好盐自然隔着箕漏下，垃圾、石土、粪草等都留在箕中。一会儿，缸面上又出现一层黑泥末，用搭罗掠干净。缸中都是净咸水，盐像雪一样白，在缸底能看得很清楚，用别的盛器盛起。然后下酱。先逐渐加水，白盐多留一些，盖在

① 梢箕：竹篾制作，勺形有缝隙用来盛未蒸的米饭。

② 莳萝：古称"洋茴香"，原为生长于印度的植物，外表看起来像茴香，开黄色小花，结小型果实。莳萝属欧芹科，叶片鲜绿色，呈羽毛状，种子呈细小圆扁平状，味道辛香甘甜，多用作食油调味，有促进消化的功效。

面上。调和藕，将莳萝撒在酱面上，再用羽毛蘸好的香油抹在酱面及缸上。

治酱瓮生蛆法

用草乌五、七个，切作四半，撒入，其蛆自死矣。

【译】取五至七个草乌，每个切成四半，撒入酱瓮中，蛆自然就死了。

诸豉类

金山寺①豆豉法

黄豆不拘多少，水浸一宿，蒸烂。候冷，以少面掺豆上拌匀，用麸再拌。扫净室，铺席，匀摊，约厚二寸许。将穰草、麦秸或青蒿、苍耳叶盖覆其上。待五七日，候黄衣上，搓挼②令净，筛去麸皮。走水③淘洗，曝干。每用豆黄一斗，物料一斗，预刷洗净瓮候下。

鲜菜瓜（切作二寸大块）、鲜茄子（作刀划作四块）、桔皮（刮净）、莲肉（水浸软，切作两半）、生姜（切作厚大片）、川椒（去目④）、茴香（微炒）、甘草（锉）、紫苏叶、蒜瓣（带皮）。

右件将料物⑤拌匀。先铺下豆黄一层，下物料一层，掺盐一层；再下豆黄、物料、盐各一层。如此层层相间，以满为度。纳实，箬密口⑥，泥封固。烈日曝之。候半月，取出，倒一遍，拌匀，再入瓮，密口泥封。晒七七日

① 金山寺：我国著名寺院，位于江苏镇江西部长江边的金山上。始建于东晋。原名泽心寺，唐代因开山得金，故从此通称"金山寺"。

② 挼（ruó）：揉搓。

③ 走水：经水的意思。

④ 去目：去掉川椒里的种子。

⑤ 料物：指调味香料。

⑥ 箬密口：用箬叶密封瓮口。

为度。却不可入水，茄、瓜中自然盐水出也。用盐相度^①
斟量多少用之。

【译】黄豆不限制数量多少，用水浸泡一夜，蒸烂。
晾凉，用少许面掺入豆里拌匀，加麸皮再拌。将屋里地面扫
干净，铺上芦席，摊均匀，厚度约两寸。将穰草、麦秸或青
蒿、苍耳叶覆盖在上面。过了五至七天，生出黄衣后，揉搓
干净，筛去麸皮。用水来淘洗，晒干。每用一斗豆黄加入一
斗物料，装入事先刷洗净的瓮中。

鲜菜瓜（切成两寸的大块）、鲜茄子（用刀划成四
块）、橘皮（刮净）、莲肉（用水泡软，切成两半）、生姜
（切成厚的大片）、川椒（去掉种子）、茴香（微炒）、甘
草（锉过）、紫苏叶、蒜瓣（带皮）。

将以上香料拌匀。先铺下一层豆黄，再铺一层物料，
再掺入一层盐；再下豆黄、物料、盐各一层。像这样一层一
层地铺，将瓮装满为止。按实，用箬叶密封瓮口，用泥封闭
牢固。在烈日中晒制。等半个月后，取出，翻倒一遍，拌
匀，再装入瓮中，用箬叶密封瓮口，用泥封闭牢固。再晒制
四十九天即可。一定不要加水，茄、瓜中有盐自然会出水。
用盐的数量要斟酌所做豆豉的总量多少来定。

咸豆豉法

黑豆一斗，蒸略熟，取出，晒一日。用瓜二十条、茄

---

① 相度：观察估量。

四十个（洗，切小，干，下用），紫苏、陈皮各切碎，拌和。用茴香四钱，重炒盐^①四两拌和得所，罨之三日。然后用好酒遍洒令匀。再略蒸过。再用盐四^②拌之。又，用好酒微洒之。日中摊晒一日，却入瓷小缸内，紧筑数重纸封之，或用泥封。置三伏日，晒好。

【译】取一斗黑豆，蒸至略熟，取出，晒一天。用二十条瓜、四十个茄（洗净，切小块，晒干，备用），紫苏、陈皮各切碎，拌和。用四钱茴香、四两炒重盐拌和合适，掩盖三天。然后用好酒均匀地洒一遍。再稍微蒸一下。再用四两盐拌匀。再用好酒稍微洒一下。在阳光下摊晒一天后装入小瓷缸内，用多层纸紧紧地封闭缸口，或者用泥来封。在三伏天里晒制更好。

淡豆豉法

大黑豆不拘多少，甑蒸香熟为度。取出，摊置笨籣^③内，乘温热，以架子每一层盛一笨籣，顿^④在不见风处，四围上下用青草穰紧护之。如是数日，取开，见豆子上生黄衣已遍，然后取出，晒一日，次日温汤漉洗。以紫苏叶切碎，拌和之。烈日中曝至十分干，然后用瓷罐收贮，密封固。

---

① 重炒盐：炒过的重盐。重盐，复盐由两种金属离子（或铵根离子）和一种酸根离子构成的盐。

② 盐四：四两盐。

③ 笨籣（lán）：一种竹制盛器。

④ 顿：放置。

【译】大黑豆不限制数量多少，在甑内蒸至香熟为止。取出，摊在笊篱内，趁热，用架子每一层盛一个笊篱，放置在不见风的地方，四周上下用青草穰紧紧地围护好。这样经过几天，取出打开，发现豆子上已遍布所生出的黄衣，然后取出，晒一天，第二天用温水冲洗。将紫苏叶切碎后拌和在豆中。在烈日中晒至非常干，然后用瓷罐来收贮，将罐口密封牢固。

造成都府豉汁法

九月后二月前可造。好豉三斗，用清麻油三升熬，令烟断①香熟为度。又，取一升熟油，拌豉，上甑熟蒸，摊冷，晒干。再用一升熟油拌豉，再蒸，摊冷，晒干。更依此，一升熟油拌豉，透蒸，曝干。方取一斗白盐，匀和，捣令碎，以釜汤淋，取三四斗汁，净釜中煎之。

川椒末、胡椒末、干姜末、桔皮（各一两），葱白（五斤）。

右件并捣细，和煎之，三分减一②，取不津瓷器③中贮之。须用清香油。不得湿物近之。香美绝胜。

【译】九月后到来年二月前都可以制作成都府豉汁。取三斗好豉，用三升清麻油熬制，至烟断香熟为止。同时，

---

① 烟断：指油烟没了。

② 三分减一：中药煎熬方法。就是三份水煎熬至剩下一份水的意思。

③ 不津瓷器：指完好无损而不渗漏的瓷器。

取一升熟油，拌豉，上甑熟蒸，摊开晾凉，晒干。再用一升熟油拌豉，再蒸，摊开晾凉，晒干。继续这样，一升熟油拌豉，蒸透，曝晒至干。这时取一斗白盐，均匀调和，捣碎，用釜煮水来淋豉，取三四斗汁，倒入干净的釜中煮制。

川椒末、胡椒末、干姜末、橘皮（各一两），葱白（五斤）。

以上原料一并捣细，调和后煮制，煮至"三分减一"，取完好无损而不渗漏的瓷器来收贮。一定要用清香油。不要接近湿物。香美绝胜。

造麸豉法

七八月中造之，余月则不佳。

春治小麦，细磨为面，以水拌㶁㶁①，入甑蒸之。候气焰好熟，乃下，摊之，令极冷。手挼令碎，布覆盖。待七日，黄衣上，乃摊去热气，却装入瓷瓮中。盆盖，于穰粪②中熝③之三、七日，黑色、气香、味美，便乘热抟④作饼子，如神曲样。绳穿贯心，屋内悬之，兼以纸袋盛之，又佳。防青蝇、尘垢之污。用时，全饼着汤中煮之，色足漉出，削去皮，一饼可数用⑤。熟香美，全胜豆豉。只打破，汤浸研

---

① 㶁（yì）㶁：湿润。

② 穰粪：这里指草木灰之类。穰，禾茎中白色柔软的部分。粪，有污之意。

③ 熝（yù）：暖，热。

④ 抟（tuán）：把碎的捏成团。

⑤ 数用：使用多次。

用，亦得①。然汁浊，不如全煮汁清也。

【译】七八月的时候制作麸豉（最好），其他月则不好。

选春治小麦，细磨为面，用水拌湿润，入甑内蒸制。根据蒸汽多少判断蒸熟了，取下，摊开，放到非常凉。用手搓碎，用布覆盖。等过了七天，生出黄衣，于是摊去热气，装入瓷瓮中。用盆盖住，在草木灰中放三至七天，这时的麸豉颜色黑、有香气、味道美，于是趁热团成饼子，像神曲一样。用绳穿饼中央，在屋内悬挂，并用纸袋来盛，也是很好的。可以防青蝇、尘垢等。用时，将整个饼下入水中煮制，颜色足了捞出，削去皮，一饼可使用多次。熟后香美，全胜豆豉。只打破，在水中浸泡并研磨后用也行，然而汁浑浊，不如用整个的饼来煮出的汁清亮。

造瓜豉法

菜瓜大者二十条，去穰，不可经水，切作厚二寸阔长条，阔一寸许，用盐八两腌二宿，漉出，晒干。次用头醋五升、盐豆豉一升同煎四五沸，去豆豉，只用所煎之醋，放冷。入糖四两，莳萝、茴香、川椒、紫苏、桔皮丝同瓜儿并入于醋内浸一宿，漉出，晒，待干。又浸，又晒。以浥尽糖醋晒干为度。加莳萝、茴香、川椒、紫苏、桔皮丝。先用盐少许，浸一宿，揉干，然后入瓜儿内。先去其水气，防蒸白醭。造时三伏中，并秋前可也。

---

① 亦得：只得。

【译】取二十条大个的菜瓜，去掉瓜穰，不要沾水，切成厚两寸、宽一寸左右的长条，用八两盐腌二夜，取出过滤，晒干。再用五升头醋、一升盐豆豉同煮四五开，去掉豆豉，只用所煮之醋，晾凉。加入四两糖，将莳萝、茴香、川椒、紫苏、橘皮丝同菜瓜一并下入醋中浸泡一夜，捞出，晒干。再浸泡，再晒。把浸透了的糖、醋晒干为止。加入莳萝、茴香、川椒、紫苏、橘皮丝。先用少许盐腌一夜，揉干，然后放入菜瓜内。先去掉水汽，防止蒸出白醭。制作瓜豉的时间是在三伏天里，在立秋前就可以。

酝造腌藏日

造曲、酱、酒、醋逐月吉凶日①

正月②：丁卯、甲辰、丙辰、丁未、己未、乙酉、丁酉，吉。

二月：己巳、丁巳，吉。

三月：丙子、己巳、庚子、乙巳、丁巳，不犯月厌③，大吉。

四月：乙丑、丁丑、丁卯、辛卯、乙卯，不犯虚耗月厌，大吉。

五月：丙寅、甲申、庚申，大吉。

六月：壬申、戊寅、己酉、丁酉、己卯，不犯虚耗月庆，大吉。旧有丙午系万通受死，不用。

七月：庚午、庚戌、戊子、戊戌，吉。庚辰、壬辰犯月厌，不用。

八月：丁亥、癸巳、己亥、己巳，吉。癸未、己未系受死，不用。

---

① 造曲、酱、酒、醋逐月吉凶日：这一部分内容常有迷信色彩，不科学。造曲、酱、酒、醋与季节、气温等有关，但就某一月的某一天来说，并不存在"吉"或"凶"的问题。

② 正月：以下用的是干支纪日法。以十天干配十二地支，得六十"甲子"。六十甲子大致相当于两个月，但由于大月小月合起来只有五十九天，所以每月的干支和日期的对应往往是不一样的。

③ 月厌：风水术语，阴建之辰，是阴阳二气消长的根源。月厌日亦称月厌大祸日，是忌嫁娶、出行、赴任、搬家等移动、迁徙活动的凶日。

九月：辛巳、戊子、丙申、戊申、辛亥、庚申，不犯月厌，凶杀。

十月：己卯、丁卯、甲戌、癸未、甲午、庚子、己未，吉。

十一月：乙丑、戊寅、乙未、壬寅、戊申、甲寅、甲申，吉。

旧有丙戌、戊戌犯天耗，乙巳与戊戌并犯十恶，不用。

十二月：庚子、丁卯、壬申、壬寅、乙卯、甲申、戊申、戊寅、庚申、己卯，吉。

【译】（略）

造曲吉日

辛未、乙未、庚子。

【译】（略）

造酱吉日

丁卯。

【译】（略）

造酱忌日

辛日不合酱。

【译】（略）

造酒、醋吉日

春（氐、箕①）、夏（亢②）、秋（奎③）、冬（危④，直日⑤星宿）。

【译】（略）

造酒、醋忌日

戊子、甲辰、丁酉（杜康死⑥）。

又，忌月厌虚耗、十恶受死，并凶。

【译】（略）

腌藏鲊⑦、脯、姜、瓜吉日

初一、初二、初七、初九、十一、十三、十五。

【译】（略）

腌藏鲊、脯、姜、瓜凶日

月忌、月厌、上下弦⑧、灭没日⑨、初五、十四、

---

① 氐、箕：二十八星宿中"东方苍龙"七宿中的两宿。

② 亢：二十八星宿中"东方苍龙"七宿中之一宿。

③ 奎：二十八星宿中"西方白虎"七宿中之一宿。

④ 危：二十八星宿中"北方玄武"七宿中之一宿。

⑤ 直日：值日。

⑥ 杜康死：杜康死去的日子。杜康为传说中创制酒的人。其死日只是后人附会。

⑦ 鲊（zhǎ）：多指腌制的鱼，亦指用米粉、面粉等加盐和其他佐料拌制的切碎的菜。

⑧ 上下弦：上弦日，农历每月的初七或初八，在地球上看到月亮呈月牙形，其弧在右侧。下弦日，农历每月二十二日或二十三日，太阳跟地球的连线和地球跟月亮的连线成直角时，在地球上看到月亮呈反"D"形。

⑨ 灭没日：凶日，其日乃天地灭绝之日，凡上官、出行、起造、人宅、婚姻，百事忌用。

二十三，不宜。

【译】（略）

蔬食

造菜鲞①法

盐韭菜，去梗用叶。铺开如薄饼大。用料物糁②之。

陈皮、缩砂、红豆、杏仁、花椒、甘草、莳萝、茴香。

右件碾细，同米粉拌匀糁菜上。铺菜一层，又糁料物一次。如此铺糁五层，重物压之。却于笼内蒸过。切作小块，调豆粉稠水③蘸之，香油炸熟。冷定，纳瓷器收贮。

【译】取盐腌过的韭菜，去掉韭梗只用叶。铺开像薄饼一样大。将香料撒在韭菜叶上。

物料有适量的陈皮、缩砂、红豆、杏仁、花椒、甘草、莳萝、茴香。

将以上物料碾细，同米粉拌匀并撒在韭菜上。铺一层韭菜，再撒一次物料。像这样铺、撒五层，用重物来压好。放入蒸笼内蒸过。蒸好切成小块，蘸上调好的豆粉糊，用香油炸熟。晾凉后装入瓷器内收贮。

---

① 菜鲞（xiǎng）：一种加多种配料经油炸而成的菜干。鲞，原指剖开晾干的鱼。用蔬菜做鲞是不多见的。

② 糁（sǎn）：原有"以饭和羹""饭粒"等意思。这里为撒、铺盖之意。

③ 稠水：这里应指豆粉糊。

食香瓜儿

菜瓜，不以多少，薄切①。使少盐腌一宿，漉起②。用原卤煎汤焯过，晾干。用常醋③煎滚，候冷，调沙糖、姜丝、紫苏、莳萝、茴香拌匀。用瓷器盛，日中曝之。候干，收贮。

【译】菜瓜，不论数量多少，切成薄片。用少许盐腌一夜，捞起。用原卤煮开水焯过，晾干。取常醋煮开，晾凉，加入砂糖、姜丝、紫苏、莳萝、茴香拌匀。盛入瓷器，在阳光下晒制。晒干后收贮。

食香茄儿

新嫩者切三角块，沸汤焯过。稀布包榨干，盐腌一宿，晒干。用姜丝、桔丝、紫苏拌匀，煎滚糖醋泼。晒干，收贮。

【译】将鲜嫩的茄子切成三角块，用开水焯过。取稀布包裹茄子榨干水分，用盐腌一夜，晒干。加入姜丝、橘丝、紫苏拌匀，泼上煮开的糖醋汁。晒干后收贮。

食香萝卜

切作骰子④块，盐腌一宿。日中晒干。切姜丝、桔丝、莳萝、茴香拌匀，煎滚常醋泼。用瓷器盛，日中曝

---

① 薄切：指切成薄片。

② 漉（lù）起：捞起。

③ 常醋：平常醋，普通醋。

④ 骰子：中国传统民间娱乐用来投掷的博具。今色子。

干，收贮。

【译】（将萝卜）切成色子块，用盐腌一夜。在阳光下晒干。加入切好的姜丝、橘丝、莳萝、茴香拌匀，用煮开的糖醋汁泼。盛入瓷器内，在阳光下晒干后收贮。

蒸干菜法

三四月间，将大棵贮菜择洗净。略晒过。沸汤内煠五六分熟，晒干。用盐、酱、莳萝、花椒、沙糖、桔皮同煮极熟，晒干。再蒸片时，收贮。用时，香油捼[①]，微入醋。饭上蒸熟用。

【译】三四月的时候，将大棵的贮存菜择洗干净。稍微晒一下。在开水内焯至五六分熟，晒干。加入盐、酱、莳萝、花椒、砂糖、橘皮同煮至熟透，晒干。再蒸片刻后收贮。取用的时候，加入香油揉拌，加入少许醋。在饭上蒸熟后食用。

糟瓜菜法

不拘多少。用石灰、白矾煎汤，冷，浸[②]一伏时。使煮酒泡糟、盐，入铜钱百余文拌匀。腌十日，取出拭干[③]。另换好糟、盐、煮酒再拌，入罐收贮。箬叶扎口，泥封口。

【译】（瓜菜）不限制数量多少。用石灰、白矾煮

---

① 香油捼：加入香油揉拌。

② 浸：浸泡瓜菜。

③ 拭（shì）干：将瓜菜揩擦干。

水，晾凉后浸泡瓜菜一昼夜。用煮酒泡糟、盐，加入一百多文的铜钱拌匀。腌十天，将瓜菜取出后揩擦干。另换好糟、盐、煮酒再拌，装入罐内收贮。用箬叶扎住罐口，再用泥来封闭。

糟茄儿法

八九月间，拣嫩茄，绝去蒂。用活水^①煎汤，冷定，和糟、盐拌匀，入罐。箬叶扎口，泥封头^②。

【译】八九月的时候，挑选鲜嫩的茄子，去掉茄蒂。用活水煮开水，凉后和入糟、盐将茄拌匀，装入罐内。用箬叶扎住罐口，再用泥来封闭。

造脆姜法

嫩生姜，去皮。甘草、白芷、零陵香^③少许，同煮熟，切作片子。食之，脆美异常。

【译】选取嫩生姜，去皮。加入少许甘草、白芷、零陵香，同煮熟，切成片子。食起来有不同于寻常的脆美。

五味姜法

嫩姜一斤，切作薄片。用白梅半斤，打碎，去仁，入炒

---

① 活水：古文中指静流之水或有源头常流动的水。

② 头：指罐口。

③ 零陵香：名始载于《嘉祐本草》，即《名医别录》之薰草。宋《图经本草》载："零陵香，今湖、岭诸州皆有之，多生下湿地。叶如麻，两两相对，茎方气如蘼芜，常以七月中旬开花，至香，古所谓薰草也，或云，薰草亦此也。"在中国古代零陵香很早就被当作香料使用了，它的香味充满了回忆的味道，闻起来就好像置身于艳阳天下的花香田野。

盐二两拌匀。晒三日取出，入甘松三钱、甘草五钱、檀末三钱，再拌匀，晒三日。入瓷器收贮。

【译】将一斤嫩姜切成薄片。将半斤白梅打碎，去仁，加入二两炒盐拌匀。晒制三天后取出，加入三钱甘松、五钱甘草、三钱檀末，再拌匀，晒制三天。装入瓷器内收贮。

造糟姜法

社前嫩姜，不以多少。去芦①，揩擦净。用煮酒和糟、盐拌匀。入瓷坛中，上用沙糖一块。箬叶扎口，泥封头。

【译】选取社日之前的嫩姜，不论数量多少。去芦，用布揩擦干净。加入煮酒和糟、盐拌匀。装入瓷坛中，上面放一块砂糖。用箬叶将坛口扎住，用泥封闭坛口。

造醋姜法

不以多少，炒盐腌一宿。用原卤入酽醋同煎数沸，候冷，入姜。箬扎瓶口，泥封固。

【译】姜不论数量多少，用炒盐腌一夜。用原卤、浓醋一并煮数开，晾凉后倒入瓶中，再加入姜。用箬叶将瓶口扎住，用泥封闭瓶口。

蒜茄儿法

深秋摘小茄儿，擘去蒂，揩净。用常醋一碗、水一碗，合和煎微沸。将茄儿焯过，控干。捣碎蒜并盐和冷定酸水②

① 芦：似指姜的皮。

② 冷定酸水：前文的常醋、水煮开并晾凉后的醋水。

拌匀。纳瓷坛,中为度。

【译】取深秋时摘下来的小茄子,掰去蒂,揩擦干净。用一碗常醋、一碗水,调和后煮至微开。将小茄子焯过,控干水分。将捣碎的蒜、盐、晾凉后的醋水一并拌匀。放入瓷坛中,至坛子中部为止。

蒜黄瓜法

深秋摘小黄瓜,醋水焯。用蒜,如前法。

【译】取深秋时摘下来的小黄瓜,用煮开并晾凉后的醋水焯过。用蒜,与前面的方法一样。

蒜冬瓜法

拣大者,留至冬至前后,去皮、穰,切作一指阔条,以白矾、石灰煎汤焯过,漉出,控干。每斤用盐二两、蒜瓣二两同捣碎,拌匀。装入瓷器。添熬过好头醋^①浸之。

【译】挑选大个的冬瓜,留至冬至节的前后,去掉皮、穰,切成一指宽的瓜条,在白矾、石灰煮的水中焯过,捞出,控干。每斤冬瓜加入二两盐、二两蒜瓣,盐、蒜一同捣碎,拌匀。装入瓷器内。再加入煮过的上好的头醋来浸泡。

腌韭花法

取花半结子时,收摘,去蒂。每斤用盐三两同捣烂,纳瓷器中。

【译】摘取半结籽的韭菜花,去蒂。每斤韭菜花加入三

---

① 熬过好头醋:煮过的上好的头醋。

两盐一同捣烂，装入瓷器中即可。

腌盐韭法

霜前拣肥韭无稍①者，择净，洗，控干。于瓷盆内铺韭一层，掺盐一层。候盐、韭匀铺尽为度。腌二三宿，翻数次。装入瓷器用②。原卤加香油些少，尤妙③。

【译】霜前挑选肥嫩且无尖的韭菜，择净，洗净，控干水分。在瓷盆内铺一层韭菜，再撒一层盐。等盐、韭都均匀铺完为止。腌两三夜，翻动数次。装入瓷器中备用。食用盐韭时，浇上用原腌韭的卤汁及少许香油，口味会非常好。

胡萝卜菜

切作片子，同好芥菜入醋内略焯过，食之脆。芥菜内，仍用川椒、莳萝、茴香、姜丝、桔丝、盐拌匀用。

【译】将胡萝卜切成片状，与好芥菜一同下入醋内略焯过，吃起来会很脆。芥菜内要用川椒、莳萝、茴香、姜丝、橘丝、盐拌匀后用。

假莴笋法

金凤花④梗大者，去皮，削令干净。早入糟，午供食之。

【译】选取大的金凤花茎，去皮，削干净。早上加入

① 稍：似指韭菜尖。

② 用：待用，备用。

③ 原卤加香油些少，尤妙：指食用盐韭时，浇上用原腌韭的卤汁及少许香油，口味会非常好。

④ 金凤花：著名中药。种子入药，有活血通经之功效。茎榨汁以黄酒冲服。

糟，中午就可以食用了。

胡萝卜鲊①

切作片子，略略焯过，控干。入少许细葱丝、莳萝、茴香、花椒、红曲，研烂，并盐拌匀，同腌一时，食之。

【译】将胡萝卜切成片状，焯一下水，控干水分。加入少许细葱丝、莳萝、茴香、花椒、红曲，研烂，加盐拌匀，一同腌渍两个小时就可以吃了。

造茭白鲊

薄切。制法同前。

【译】（略）

造熟笋鲊

但②笋要煮。制法同前。

【译】（略）

造蒲笋鲊

生者一斤，寸截。沸汤焯过，布裹压干。姜丝、熟油、桔丝、红曲、粳米饭、花椒、茴香、葱丝拌匀，入瓷器，一宿可食。

【译】选取一斤生笋，截成寸段。开水焯过，用布裹好后压干。加入姜丝、熟油、橘丝、红曲、粳米饭、花椒、茴香、葱丝拌匀，装入瓷器内，经过一夜就可以吃了。

---

① 胡罗卜鲊：多种调料腌制的胡萝卜片。

② 但：只是。

造藕稍①鲊

用生者，寸截。沸汤焯过，盐腌去水。葱油少许，姜桔丝、莳萝、茴香、粳米饭、红曲细研，拌匀，荷叶包，隔宿食。

【译】选用生的藕带，截成寸段。开水焯过，用盐腌去水。加入少许葱油，将姜丝、橘丝、莳萝、茴香、粳米饭、红曲细细研磨过，放在一起拌匀，用荷叶包裹，经过一夜后就可以吃了。

造菹菜鲊

先将水洗净菜，拣去黄损者。每菜一棵用盐十两，汤泡化，候大温，逐棵洗菜，就入缸。看天道凉暖，暖则来日②菜即腌下，随即③倒下者居上。一层菜，一层老姜。约菜百斤、老姜二斤，天寒迟一日倒。倒讫以石压，令水淹④过菜。

【译】先将菜用水洗净，挑去黄叶、烂叶。每一棵菜用十两盐，将盐用水泡化，温度上来后，逐棵洗菜，洗后入缸。要根据天气的冷暖，如果天气暖和几天内就要腌下。要

---

① 藕稍：俗名"藕梢子""藕尖"，统称"藕带"。是连接藕节和嫩荷叶的茎，含水量大，口感清脆，回味无穷，是夏季蔬菜的首选。产地是素有"鱼米之乡"的湖北荆州、洪湖、天门、潜江、仙桃等地。

② 来日：时间词。未来的日子；将来。

③ 随即：随后就；立刻。

④ 淹：这里是淹没的意思。

立刻将下面的菜倒到上面。一层菜，一层老姜。大约一百斤菜用两斤老姜，天气寒冷的时候要晚一天倒菜。倒后要用重石将菜压住，让水将菜淹没。

相公齑法

萝卜切作薄片①。莴苣条或嫩蔓菁②、白菜切如萝卜条。各以盐煞③之。良久，用滚汤焯过，入新水中。然后煎酸浆水④泡之，以碗盖覆。入井水中浸冷为制，佳。

【译】将萝卜切成薄片（条状）。莴苣条或嫩的蔓菁、白菜切成像萝卜一样的条。分别用盐腌过。腌一段时间以后，再用开水焯过，放入新水中。然后用煮好的酸浆水来浸泡，用碗将坛（瓶）口覆盖。放入井水中泡凉（这种制作法后）味道好。

芥末茄儿

小嫩茄切作条，不须洗，晒干。多着油锅内，加盐炒熟。入瓷盆中摊开，候冷。用干芥末匀掺拌，瓷罐收贮。

【译】将小嫩茄切成条，不用洗，晒干。都放在油锅内，加盐炒熟。装入瓷盆中摊开，晾凉。掺入干芥末拌匀，

---

① 切作薄片：依后文，似切成条状。

② 蔓菁：别名诸葛菜、圆菜头、圆根、盘菜，东北人称卜留克，新疆人称恰玛古，芸薹属芸薹种芜菁亚种，能形成肉质根的二年生草本植物。肥大肉质根供食用，肉质根柔嫩、致密，供炒食、煮食。

③ 煞：腌的意思。

④ 酸浆水：在生产豆腐制品过程中在压制或是脱水过程中取的二次水，经过一段时间自然发酵后变酸，用于下一次生产中点浆工艺用的水。

装入瓷罐内收贮。

造瓜齑法

甜瓜十枚，带生者①。竹签穿透。盐四两拌入瓜内。沥去水，令干。用酱十两拌匀，烈日晒。翻转又晒，令干，入新瓷器内收之。用盐用酱，又看瓜大小，斟量用之得宜。

【译】将十个不十分熟的甜瓜用竹签穿透。将四两盐拌入瓜内。沥去水分并使其干燥。用十两酱拌匀，在烈日下晒。将瓜翻过来再晒，晒干，装入新的瓷器内收贮。用盐用酱时，要根据瓜的大小，斟酌用量才好。

酱瓜茄法

酱黄与瓜、茄，不拘多少。先以酱黄铺在瓷缸内，次以鲜瓜、茄铺一层，掺盐一层；再下酱黄，又铺瓜、茄一层，掺盐一层。如此层层相间。腌七日夜，烈日晒之。酱好而瓜儿亦好。如欲作干瓜儿，取去再晒，其酱别用。却不可用水，瓜中自然盐水出也。用盐时，相度酱与瓜、茄多少酌量。

【译】酱黄与瓜、茄，不限制数量多少。先把酱黄铺在瓷缸内，再铺一层鲜瓜、茄，撒一层盐；再下入酱黄，再铺一层鲜瓜、茄，撒一层盐。如此层层相间。腌制七昼夜，在烈日下暴晒。酱黄好瓜也就好。如果想做成干瓜儿，就取出来再晒，酱黄另作他用。一定不要用水，瓜中自然会腌出水

① 带生者：指偏生、不十分熟的甜瓜。

来。用盐时，要估量酱黄与瓜、茄的数量。

收干药菜法

枸杞、地黄、甘菊、青襄①、牛膝②、槐芽、白术、椿芽（香者）、车前、黄精③、合欢④、当陆⑤、决明、木蓼（黄连树芽）。

右各取嫩者，不限多少，煠⑥之。浆水释⑦了。以盐汁中握去恶汁⑧，晒干。于竹器中以纸覆之。勿令风尘入。用时以暖汤渍软，净泽去恶汁。更以别汤中煮令熟。然后烂炒，调和食之。其牛蒡、薯蓣、百合等物，冬中是时，不劳预收⑨。

① 青襄：疑为"青葙（xiāng）"。青葙为苋科植物青葙的茎叶及根。味苦，微寒。有燥湿、清热、杀虫、止血等功效。

② 牛膝：中药。味苦、甘、酸，性平。有逐瘀通经、补肝肾、强筋骨、利尿通淋、引血下行的功效。

③ 黄精：又名鸡头黄精、黄鸡菜、笔管菜、爪子参、老虎姜、鸡爪参。为黄精属植物，根茎横走，圆柱状，结节膨大。叶轮生，无柄。药用植物，具有补脾、润肺生津的功效。

④ 合欢：又名绒花树、马缨花。落叶乔木，夏季开花，头状花序，合瓣花冠，雄蕊多条，淡红色。荚果条形，扁平，不裂。合欢花含有合欢式、鞣质，能解郁安神、理气开胃、活络止痛，用于心神不安、忧郁失眠。有较好的强身、镇静、安神、美容的功效，也是治疗神经衰弱的佳品。

⑤ 当陆：又名逐汤、章柳、白昌、马尾、夜呼等。味辛，性平，有毒。

⑥ 煠：这里为在沸水中焯之意。

⑦ 释：这里为将浆水倒掉之意。

⑧ 握去恶汁：指焯过水后，用手攥去食材中的水分。

⑨ 其牛蒡、薯蓣、百合等物，冬中是时，不劳预收：像牛蒡、薯蓣、百合等药物，冬天的时候正当令，所以不必预先干制收藏。这是和以上"干药菜"比较而言的。薯蓣，即山药。

【译】食材有：枸杞、地黄、甘菊、青葙、牛膝、槐芽、白术、椿芽（香椿芽）、车前、黄精、合欢、当陆、决明、木蓼（黄连树芽）。

以上原料分别选取鲜嫩的，不限制数量多少，均在开水中焯过。将焯过的浆水倒掉。洒盐水并用手攥去食材中的水分，晒干。放在竹器中用纸覆盖。不要让灰尘落入。食用时用温水将干菜泡软，洗净倒掉脏水。再另换新水煮至熟。然后将煮熟的干菜炒至烂，调和口味就可以食用了。像牛蒡、薯蓣、百合等药物，冬天的时候正当时令，所以不必预先干制收藏。

晒蒜苔法

将肥嫩者，不拘多少，用盐汤焯过，晒干。欲用时，汤浸软，调和食之。与肥肉同造，尤妙。

【译】选取粗大、鲜嫩的蒜苔，不限制数量多少，在盐水中焯过，晒干。想食用时，用水泡软，调和口味就可以食用了。与肥肉同炒更好。

晒藤花①法

盛开时摘，拣净，去蒂。盐汤洒拌匀。入甑蒸熟，晒干。用作馂馅②、馄饨、饼子等。素食馅极美，荤用尤佳。

---

① 藤花：蝶形花科紫藤属下的一种，大型落叶木质藤本，中国东北、华北、华中、华南和华东等地普遍有栽培。具有很高的观赏价值。古代女子常作为发饰使用。

② 馂（jùn）馅：熟食馅。馂，一种熟食。

【译】在藤花盛开时采摘，择干净，去掉蒂。洒盐水后拌匀，放入甑里蒸熟，晒干。可以用来制作素食馅、馄饨、饼子等。藤花用来做素馅非常好，用来做荤菜更好。

晒海菊花

春分后，摘苔菜[1]花，不拘多少，沸汤焯过，控干。用少盐浥良久，晒干，纸袋收贮。临用，沸浸，油、盐、姜、酸泼之。

【译】春分过后，采摘苔菜花，不限制数量多少，用开水焯过，控干水分。用少许盐来浸湿很长一段时间，晒干，用纸袋来收贮。临食用时，开水浸泡，用油、盐、姜、醋调和的味汁泼之即可。

晒笋干法

鲜笋不拘多少，去皮，切，沸汤焯过，晒干，收贮。欲用时，以米泔浸用。此胜买者[2]，又兼色白如鲜。盐汤焯，即是"咸笋法"。

【译】鲜笋不限制数量多少，去掉皮，改刀切好，用开水焯过，晒干，收贮。想食用时，以淘米水浸泡后用。这种笋干超过刚买的鲜笋，且颜色白得也像鲜笋。用盐水来焯，就是制作咸笋的方法。

---

[1] 苔菜：藻类石莼科植物，有浒苔、条浒苔、肠浒苔等多种浒苔的藻体，又名海青菜、海菜、苔条等。

[2] 此胜买者：这种笋干超过刚买的（鲜笋）。

造红花子法

淘去浮者，舂内捣碎。入汤泡汁，更捣，更煎汁，锅内沸，入醋点。绢挹^①之，似肥肉。入素食极珍美。

【译】用水淘去漂浮的，在舂内捣碎。加水来泡汁，再捣，再煮汁，锅内水开，点少许醋。用绢布舀出，像肥肉一样。是制作素食非常珍美的食材。

造豆芽法

绿豆拣净，水浸两宿。候涨，以新水淘，控干。扫净地，水湿，铺纸一重。匀掺豆，用盆器覆。一日洒水二次。须候芽长一寸许，淘去豆皮。沸汤焯，姜、醋、油、盐和，食之，鲜美。

【译】将绿豆拣净，用水浸泡两夜。等豆子涨开，换新水淘洗，控干水分。将地扫净，用水泼湿，铺一层纸。均匀地撒上豆子，用盆器来覆盖。一天洒两次水。要等到豆芽长到一寸左右，淘去豆皮。用开水焯过后，用姜、醋、油、盐来调和味汁，就可以吃了，味道鲜美。

---

① 挹（yì）：舀。

肉食

（以下并载季氏《食品诸法》）

腌藏肉品

江州①岳府②腊肉法

新猪肉打成段，用煮小麦滚汤淋过，控干。每斤用盐一两，擦，拌，置瓮中。三二日一度翻。至半月后，用好糟腌一二宿，出瓮。用原腌汁水洗净，悬于无烟净室。二十日以后，半干湿，以故纸封裹。用淋过净灰于大瓮中，一重灰一重肉，埋讫，盆合置之凉处。经岁如新。煮时，米泔浸一炊时③，洗刷净，下清水中。锅上盆合土拥④，慢火煮。候滚，即撤薪。停息⑤一炊时，再发火⑥再滚。佳火良久取食。

此法之妙，全在早腌。须腊月前十日腌藏，令得腊气为佳。稍迟则不佳矣。牛、羊、马等肉，并同此法。如欲色红，须才宰时，乘热以血涂肉，即颜色鲜红可爱。

【译】新鲜的猪肉斩成块，用煮小麦的开水淋过，控干

---

① 江州：指江西九江。

② 岳府：不详。

③ 一炊时：指烧一顿饭的时间。

④ 锅上盆合土拥：用盆将锅盖上，缝隙处用泥封住。

⑤ 停息：停止、休息。

⑥ 发火：开始燃烧。

水分。每斤猪肉用一两盐，擦，拌，放在瓮中。两三天翻一次。到半个月后，用好糟腌一两宿，拿出瓮。用之前的腌肉汁水洗净，悬挂在无烟的干净的屋子里。二十天后，猪肉半干的时候，用旧纸来包裹。将猪肉和干净的灰放在大瓮中，一层灰一重肉，埋完，将盆盖上放在阴凉的地方。一年后像新鲜的一样。煮的时候，要用淘米水浸泡烧一顿饭的时间，再洗刷干净，下入清水中。用盆将锅盖上，缝隙处用泥封住，用慢火煮制。等开锅后，马上撤掉柴火。停顿烧一顿饭的时间，再点火再烧开。火要烧得时间久一些再取食。

这种方法的妙处，全在于要早腌。须在腊月的前十天腌藏，让肉得到腊气为好。稍迟一些就不太好了。牛、羊、马等肉的腌藏与这种方法一样。如果想让肉色红，要在刚屠宰的时候，趁热用血涂抹在肉上，肉的颜色就会鲜红可爱。

婺州①腊猪法

肉三斤许作一段。每斤用净盐一两，擦令匀入缸。腌数日，逐日翻三两遍。却入酒、醋中停，再腌三五日。每日翻三五次。取出控干。先备百沸汤②一锅、真芝麻油一器③，将肉逐旋各胾④，略入汤蘸，急提起，趁热以油匀刷，挂当烟

---

① 婺州：浙江金华。

② 百沸汤：久沸的水。

③ 一器：指一碗或一盆。

④ 胾（luán）：切成小块的肉。

头处^①熏之。日后再用腊糟加酒拌匀，表裹涂肉上，再腌十日。取出，挂厨中烟头上。若人家烟少，集砻糠烟^②熏十日可也。其烟当昼夜不绝。羊肉亦当依此法为之。

【译】选三斤左右为一块的猪肉。每斤猪肉用一两净盐，用盐将肉擦匀后放入缸内。腌制几天，每天翻个两三遍。再放酒、醋汁中蘸一下，再腌三五天。每天翻三五次。取出控干水分。先准备一锅百沸汤、一碗芝麻油，将肉切成小块，稍微在开水中蘸一下，迅速提起，趁热用芝麻油刷匀，挂在正冒烟的地方。一天后再用腊糟加酒拌匀，涂抹在肉的表面上，再腌十天。取出，挂在厨房中冒烟的地方。倘若人家烟少，可将砻糠聚在一起，点燃后熏十天也可以。烟要昼夜不断。羊肉也可以按照这种方法来做。

腌猪舌

每斤用盐半两，一盏川椒、莳萝，茴香少许，细切葱白，腌五日，翻三四次。用细索^③穿挂透风处。候干，纸袋盛。

【译】每斤猪舌加入半两盐，一盏川椒、莳萝，少许的茴香和细切的葱白，腌制五天，翻三四次。用细绳子穿好后挂在通风处。等猪舌干后用纸袋来盛。

---

① 烟头：应指刚冒出烟的地方。

② 集砻糠烟：将砻糠聚在一起，点燃，使冒烟。

③ 细索：细绳子。

四时腊肉①

收腊月内腌肉卤汁，净器收贮，泥封头。如要用时，取卤一碗，加腊水一碗、盐三两，将猪肉去骨，三指厚、五寸阔段子。同盐料末腌半日，却入卤汁内浸一宿。次日其肉色味与腊肉无异。若无卤汁，每肉一斤用盐四两腌二宿，亦妙。煮时，先以米泔清者入盐二两，煮一二沸，换水煮。

【译】收集腊月里的腌肉卤汁，用干净的器皿收贮，用泥封闭器皿口。如果要取用时，就取一碗卤，加入一碗腊水、三两盐，将猪肉去骨，切成三指厚、五寸宽的肉段。将肉段先同盐料末腌制半天，再放入卤汁内浸泡一夜。第二天肉的色、味与腊肉没有区别。如果没有卤汁，每一斤肉用四两盐腌两夜，也很妙。煮的时候，先用清亮淘米水加入二两盐，将肉煮一两开，再换水煮即可。

脯法

歌括云：

不论猪羊与大牢②，一斤切作十六条。

大盏醇醪③小盏醋，马芹④莳萝入分毫。

---

① 四时腊肉：这里指除腊月以外，一年四季中制作腊肉的方法。系用腊月里留下的腌肉卤汁等腌成，因有"腊"味，故亦称"腊肉"。

② 大牢：太牢。古代帝王、诸侯祭祀社稷时，牛、羊、豕三牲全备为"太牢"。《大戴礼记·曾子天圆》载："诸侯之祭，牛曰太牢。"这里的"大牢"指牛。

③ 醇醪（láo）：醇酒。醪，古代指浊酒，亦指醇酒。

④ 马芹：孜然。

拣尽白盐秤四两，寄语庖人^①慢火熬。

酒干醋尽方是法，味甘不论孔闻韶^②。

【译】（略）

羊红肝^③

肥羊肉十五斤，半斤作一条。用盐十五两，腌三伏时，取出。却用糟三斤、盐三两拌匀，再腌三宿，取出。不去糟，于灶上猛柴烟熏干。次年五六月洗剥^④，煮食。

【译】选取十五斤肥羊肉，每半斤切成一条。用十五两盐腌制三昼夜后取出。再用三斤糟、三两盐拌匀，再腌三夜后取出。不要去掉糟，在灶上用猛烈的木柴火所生的烟将羊肉熏干。第二年的五六月份将敷在羊肉条上面的糟洗剥掉，上锅煮后吃。

羊、鹿、獐等肉

作条或片，去筋膜，微带脂。每斤用盐一两，天气暖和加分半^⑤。腌半日，入酒半升、醋一盏。经两宿，取出晒干。

---

① 庖人：厨师。

② 味甘不论孔闻韶：《论语·述而篇》："子在齐闻'韶'，三月不知肉味，曰：'不图为乐之至于斯也'。"这里引用孔子的这个典故是说明"脯"的味美，即便孔子遇到这肉脯，也会不去听"韶乐"而来吃这种脯了。

③ 羊红肝：此条标题与内容不符。正文中未提及肝。或指肥羊肉条腌、糟之后犹如红色的羊肝。

④ 洗剥：指将敷在羊肉条上面的糟洗剥掉。

⑤ 分半：指一半。依前文，一两的一半，半两。

【译】将肉切成条或片，去掉筋膜，微微带油脂。每斤肉用一两盐，天气暖和的时候再加一半（半两）的盐。腌制半天，加入半升酒、一盏醋。经过两夜，取出晒干。

羊、牛等肉

去骨净，打作小长段子。乘肉热，精肥相间，三四段作一垛①。布包石压，经宿。每斤用盐八钱、酒三盏、醋一盏，腌三五日。每日翻一次。腌至十日，后日②晒至晚，却入卤汁，以汁尽为度③。候干，挂厨中烟头上。此法惟腊月可造。

【译】（取羊或牛肉）将骨去净，切成小长肉段。趁肉热，肥瘦相间，三四段堆成一堆。将肉用布包裹、用石头来压，要经过一夜的时间。每斤肉中加八钱盐、三盏酒、一盏醋，腌制三五天。每天翻动一次。腌至第十天，第十一天在阳光下晒制到晚上，再将肉加入卤汁浸泡，晒干，再浸再晒，以卤尽为限。等肉干后挂在厨房的冒烟处。这种方法只可以在腊月制作。

牛腊鹿脩④

好肉不拘多少。去筋膜，切作条或段。每二斤用盐六钱半、川椒三十粒、葱三大茎（细切）、酒一大盏，同腌三五

---

① 垛（duò）：整齐地堆积成的堆。

② 后日：后天，明天的明天。这里指腌至第十天后的这一天。

③ 以汁尽为度：这里文句过简。实指将肉入卤汁浸泡，晒干，再浸再晒，以卤尽为限。

④ 牛腊鹿脩：牛肉干、鹿肉干。脩，肉干。

日，日翻五七次，晒干。猪、羊仿此①。

【译】选取上好的肉不限制数量多少。将肉去掉筋膜，切成条或段。每两斤肉加入六钱半盐、三十粒川椒、三大根葱（细切过）、一大盏酒，一同腌制三五天，每天翻动五七次，晒干。猪、羊都可以仿牛腊鹿脩的制法。

腌鹿脯

净肉十斤，去筋膜，随缕②打作大条。用盐五两、川椒三钱、莳萝半两、葱丝四两、好酒二升，和肉拌腌。每日翻两遍。冬三日，夏一伏时，取出，以线逐条穿，油搽③，晒干为度。

【译】选取十斤净鹿肉，去掉筋膜，连续切成大肉条。用五两盐、三钱川椒、半两莳萝、四两葱丝、两升上好的酒，和入肉中拌匀并腌制。每天翻动两遍。冬季需要腌制三天，夏季需要腌制一昼夜，腌好取出，用线将肉条逐条穿好，涂抹上油，晒干为止。

又法

鹿肉或麂子④肉，去皮、膜，连脂，细切。二十斤用盐二十两，入芜荑二合，一处拌匀。用羊大肚一个，去草芽，装满，缝合，用杖子夹定于风道中，或日晒干。

---

① 仿此：仿牛腊鹿脩的制法。

② 缕：连续不断。

③ 油搽：在肉条上涂抹上油。

④ 麂（jǐ）子：哺乳纲，偶蹄目，鹿科。腿细而有力，善于跳跃，皮很软可以制革。

【译】选取鹿肉或麂子肉，去掉皮、膜，带着油脂，细切。二十斤肉用盐二十两，加入两合芫荽，一同拌匀。取一个羊大肚，去掉草芽，将肉装满，缝合，用木棍夹好放在风道中风干，或者在阳光下晒干。

腌鹿尾

刀剃去尾根上毛，剔去骨。用盐一钱、芫荽半钱填尾内，杖夹风吹干。

【译】用刀将鹿尾根部的毛剃去，剔去骨。将一钱盐、半钱芫荽填入鹿尾内，用木棍夹好并风干。

腌鹅、雁等

挦①净。于胸上剖开，去肠、肚。每斤用盐一两，加入川椒、茴香、莳萝、陈皮，遍擦，腌半月后，晒干为度。

【译】（将鹅或雁的毛）拔净。在胸部剖开，去掉肠、肚。每斤肉用一两盐，加入川椒、茴香、莳萝、陈皮，将肉擦遍，腌至半个月后，再晒干为止。

夏月收肉不坏

凡诸般肉，大片薄劈。每斤用盐二两，细料物少许，拌匀，勤翻动。腌半日许，榨去血水。香油抹过，蒸熟。竹签穿，悬烈日中，晒干，收贮。

【译】凡是各种肉，切成大薄片。每斤肉用二两盐，少许香料，拌匀，勤翻动。腌制半天左右，榨去肉中血水。用

---

① 挦（xián）：扯，拔（毛发）。

香油抹过，上笼蒸熟。用竹签穿好，悬挂在烈日中，晒干后收贮。

夏月收熟肉

切作大块。每斤用盐半两，腌片时，入陈皮、茴香、川椒、酒、醋、酱少许，煮至酒、醋干，以筛子盛，烈日曝干。

【译】将肉切成大块。每斤肉用半两盐，腌制片刻，加入少许陈皮、茴香、川椒、酒、醋、酱，煮肉至酒、醋干，盛入筛子，在烈日中晒干。

又法

夏月收熟肉，用瓷器盛。顿放锅内，锅中少贮水，烧滚，候冷，再烧，常令热气不绝。可留二三日不坏。

【译】夏天收藏熟肉时，要用瓷器盛。放入锅内，锅中加少量的水，烧开，等凉了，再烧开，一直使锅内热气不断。可保存两三天也不会坏。

夏月收生肉

白面溲和①如擀饼面剂，裹生肉，作盏来大块②，油缸内浸。久留不坏，肉色如新。面堪作饼食面用③。

【译】将白面和成像擀饼一样大的面剂，裹上生肉，做

---

① 溲和：调和、揉按面粉。

② 作盏来大块：做成酒盏那样大的块。

③ 面堪作饼食面用：裹肉的面仍然可以作为做饼的面，一样用。

成酒盖那样大的块，在油缸内浸泡。长时间保存不会坏，肉的颜色像新鲜的一样。裹肉的面仍然可以作为做饼的面，一样用。

夏月煮肉停久

每肉五斤，用胡荽①子一合、醋二斤、盐三两，慢火煮熟，透风处放。若加酒、葱、椒同煮，尤佳。

【译】每五斤肉加入一合香菜籽、两斤醋、三两盐，用慢火煮熟，放在通风处。如果加入酒、葱、花椒同煮，更好。

腌咸鸭卵②

不拘多少，洗净，控干。用灶灰筛细二分、盐一分拌匀。却将鸭卵于浓米饮汤③中蘸湿，入灰盐滚过，收贮。

【译】不限制鸭蛋数量多少，洗净，控干水分。用两成筛细的灶灰、一成的盐拌匀。再将鸭蛋在浓的米汤中蘸湿，在灰盐中滚一下，收贮即可。

---

① 胡荽：芫荽，即香菜。

② 鸭卵：鸭蛋。

③ 浓米饮汤：浓的米汤。

腌藏鱼品

江州岳府腌鱼法

腊月将大鲤鱼去鳞、杂，头尾劈开，洗去浓涎、腥血，布拭干。炒盐腌之七日。就用盐水刷洗鱼明净。于当风处悬之七七日。鱼极干取下，割作大方块。用腊糟并腊月酒脚，和糟稍稀。相鱼多少，下炒茴香、莳萝、葱、油与糟拌匀，涂鱼。逐块入净坛中，一层鱼一层糟，坛满即止。以泥固坛。过七七日开之。如遇南风，不可开坛，立致变坏①。此法最妙。

【译】腊月的时候将大鲤鱼去鳞、内脏，将鱼头、尾劈开，洗去黏液、腥血，用布擦干。用炒盐腌制七天。再用盐水将鱼刷洗干净。在通风的地方悬挂四十九天。鱼干透后取下，割成大方块。用腊糟并腊月的酒脚，和糟时要稍稀。根据鱼的多少，将适量的炒茴香、莳萝、葱、油与糟拌匀，涂抹鱼块。再逐块放入干净的坛中，一层鱼一层糟，直到把坛装满为止。用泥封闭坛口。经过四十九天后开坛。如遇有南风，不可以开坛，（如开坛）立刻就会使腌鱼变质。这种方法最好。

---

① 立致变坏：（如开坛）立刻就会使腌鱼变质。

又法

　　用鳙、鲤、鳡①鱼作干鱼。腊月造，至正月。以鱼作段子，洗令净。每一斤用盐二两，却以糯米、白曲造成酒醅②，以红曲入醅内，加清油、莳萝、茴香、姜、椒拌和。一层鱼，一层糟、醅，置瓷瓮中。密封固，可交新。

　　【译】用鳙鱼、鲤鱼、鳡鱼制作干鱼。要腊月开始制作，到正月就做好了。将鱼切成段，洗干净。每一斤鱼用二两盐，再用糯米、白曲造成酒醅，将红曲加入酒醅内，加入清油、莳萝、茴香、姜、花椒来拌和。一层鱼，一层糟、酒醅，放在瓷瓮中。密封瓷瓮，可以放到来年。

法鱼

　　好大鲫鱼，每十斤。先洗净，控干，一宿，破去肠、肚、胆，留子、鳞、腮，一方腮下切一刀，取再拭干。别用：

　　炒盐（二十四两），麦黄末（十五两），神曲末（二十两），川椒（二两），莳萝（一两半），马芹（一两），红曲（八两）。

　　右件拌为一处，入鱼腮实填满。有未尽料物，入填鱼腹，并掺鱼身，又添入好酒浸没一二指。泥封固。腊月造。

　　【译】大的、上好的鲫鱼，每十斤鲫鱼为比例。先将鲫

---

① 鳡（gǎn）：属鲤形目，鲤科，雅罗鱼亚科，鳡属。俗称黄鳟（zhuān）、黄钻、黄颊鱼、竿鱼、水老虎、大口鳡。

② 酒醅（pēi）：酿成而未滤的酒。

鱼洗净，控干水分，一夜后破去鱼肠、鱼肚、鱼胆，留下鱼子、鱼鳞、鱼鳃，将一侧的鱼鳃切一刀，取出鱼后擦干。料物有：

炒盐（二十四两），麦黄末（十五两），神曲末（二十两），川椒（二两），莳萝（一两半），马芹（一两），红曲（八两）。

将以上香料拌在一起，入鱼鳃填满实。有未用完的香料，就从鱼腹再填入，并撒在鱼身上，（装入容器）再倒入上好的酒浸没鱼身一两指高。用泥封闭容器。需要在腊月里制作。

红鱼

鲫鱼，去肚、肠，每一斤，净洗。用盐一两腌半日，净洗，去涎，控干，每用二两掺鱼肉上（红曲末二两、葱白丝二茎、莳萝少许、椒百粒、酒半盏），入瓶封固，五日可吃。

【译】鲫鱼，去鱼肚、鱼肠，每一斤为比例，洗净。用一两盐腌半天，洗净，去黏液，控干水分，每用二两红曲末及香料撒在鱼肉上（二两红曲末、两根葱白丝、少许莳萝、一百粒花椒、半盏酒），装入瓶中封闭，五天后就可以吃了。

鱼酱

鱼（每一斤），盐（三两，炒），椒末（一钱），马芹（一钱），干姜末（一钱），神曲末（二钱），红曲（半两），葱丝（一握）。

先将鱼切破，以前件物料加好酒和匀，入瓷瓶。

【译】鱼（每一斤），盐（三两，炒），椒末（一钱），马芹（一钱），干姜末（一钱），神曲末（二钱），红曲（半两），葱丝（一握）。

先将鱼切破，将以上香料再加上好的酒调和均匀，装入瓷瓶。

糟鱼

大鱼片，每斤用盐一两，先腌一宿，拭干。别入糟一斤半，用盐一分半①和糟，将大鱼片用纸裹，却以糟覆之。

【译】选取大鱼片，每斤鱼用盐一两，先将鱼腌一夜，擦干。另取容器加入一斤半糟，用一分半盐和入糟，将大鱼片用纸包裹，再用盐糟来覆盖。

酒鱼脯

大鲤鱼洗净，布拭干。每斤用盐一两，葱、莳萝、椒、姜丝各少许，好酒同腌，令酒高鱼一指。逐日翻动。候滋味透，取出晒干，削②食。腊月造。

【译】将大鲤鱼洗净，用布擦干。每一斤鱼用一两盐，葱、莳萝、花椒、姜丝各少许，与上好的酒一同腌鱼，使酒高过鱼一个手指。每天翻动。等滋味入透后，取出来晒干，

---

① 一分半：这里的数量不解。

② 削：片。斜着刀略平地切去物体的表层。

片着吃。需要在腊月的时候制作。

酒曲鱼

大鱼净洗一斤，切作手掌大。用盐二两、神曲末四两、椒百粒、葱一握、酒二升拌匀，密封。冬七日、夏一宿可食。

【译】选取洗净的大鱼一斤，切成手掌大。用二两盐、四两神曲末、一百粒花椒、一把葱、两升酒来拌匀，密封。冬季需要七天、夏季需要一夜就可以食用了。

酒蟹

于九月间，拣肥壮十斤，用炒盐一斤四两、好明白矾末一两五钱。先将蟹洗净，用稀箴篮封贮，悬之当风，半日或一日，以蟹干为度。好醅酒五斤，拌和盐、矾。令蟹入酒内，良久取出。每蟹一只，花椒一颗，斡①开脐纳入。瓷瓶实捺收贮，更用花椒掺其上了。包瓶纸花上用韶粉②一粒如小豆大，箸扎泥固。取时不许见灯③。或用好酒破开腊糟拌盐、矾亦得，糟用五斤。

【译】在九月的时候，挑选十斤肥壮的螃蟹，用一斤四两炒盐、一两五钱上好的明白矾末。先将螃蟹洗净，用稀孔的箴篮封闭贮存，悬挂在通风的地方，半天或者一天，螃

---

① 斡（wò）：旋转。这里为"扳"之意。

② 韶粉：宋《游宦纪闻》注："韶粉，乃铅烧者。"因原出韶州，故名。

③ 取时不许见灯：旧说取用酒蟹时如用灯照，则蟹黄、蟹油会发"沙"，即不凝固，故取用时不能见灯。

蟹干了为止。五斤好醨酒，拌和盐、矾。将螃蟹下入酒内，很长一段时间再取出。每一只蟹，一颗花椒，扳开蟹脐放入。将螃蟹装入瓷瓶按实并收贮，另在上面撒些花椒。包瓶纸花上放一粒像小豆一样大的韶粉，用箬叶扎瓶口后再用泥封闭。取用螃蟹时不能见灯。或用好酒破开腊糟后拌盐、矾也可以，糟用五斤。

酱醋蟹

团脐①大者，麻皮②扎定。于温暖锅内，令吐出泛沫了。每斤用盐七钱半、醋半升、酒半升、香油二两、葱白五握（炒作熟葱油）、榆仁酱半两、面酱半两，茴香、椒末、姜丝、桔丝各一钱，与酒、醋同拌匀。将蟹排在净器内，倾入酒、醋浸之。半月可食。底下安皂角③一寸许。

【译】选取大个的母蟹，用大麻的皮来捆好。在温热锅内，让螃蟹吐出泛沫。每斤螃蟹用七钱半盐、半升醋、半升酒、二两香油、五把葱白（炒成熟葱油）、半两榆仁酱、半两面酱，及茴香、花椒末、姜丝、橘丝各一钱，与酒、醋一同拌匀。将螃蟹排在干净的容器内，倒入酒、醋来浸泡。半个月就可以食用了。螃蟹的下面要放一寸左右厚的皂角。

---

① 团脐：指雌蟹圆而扁平的脐部，也指雌蟹。

② 麻皮：大麻的皮。

③ 皂角：皂荚。为皂荚树的荚果，扁平，褐色。可以用以洗衣服，亦可以入药，能祛痰。

法蟹

团脐大者十枚，洗净，控干。经宿，用盐二两半、麦黄末二两、曲末二两半，仰①迭②蟹在瓶中，以好酒二升、物料倾入，蟹半月熟。用白芷末二钱，其黄③易结。

【译】选取十只大个的母蟹，洗干净，控干水分。经过一夜的时间，用二两半盐、二两麦黄末、二两半曲末，将螃蟹壳朝下、肚朝上一个挨一个地码在瓶中，将两升上好的酒及香料倒入，螃蟹半个月就做好了。加入两钱白芷末，便于凝结蟹黄。

糟蟹

歌括云：

三十团脐不用尖④（水洗，控干，布拭），

糟盐十二五斤鲜（糟五斤，盐十二⑤）。

好醋半升并半酒（拌匀糟内），

可餐七日到明年（七日熟⑥，留明年⑦）。

【译】（略）

---

① 仰：蟹壳朝下、肚朝上。

② 迭（dié）：连着，挨着。

③ 黄：指蟹黄。

④ 尖：尖脐，指公蟹。

⑤ 盐十二：十二两盐。

⑥ 七日熟：糟七日便成熟了。

⑦ 留明年：可以贮藏至第二年。

酱蟹

团脐百枚，洗净，控干。逐个脐内满填盐，用线缚定。仰迭入瓷器中。法酱二斤、研浑椒[1]一两、好酒一斗拌酱，椒匀，浇浸，令过蟹一指，酒少再添。密封泥固。冬二十日可食。

【译】选取一百只母蟹，洗干净，控干水分。逐个脐内都满填盐，用线绑好。将螃蟹壳朝下、肚朝上一个挨一个地码在瓷器中。将两斤法酱，一两整个研细的花椒、一斗上好的酒搅拌成酱，将椒拌匀，浇在瓷器中来浸泡螃蟹，要淹没螃蟹一手指，酒要是少就再添。密封并用泥封牢固。在冬季二十天后就可以食用了。

---

[1] 浑椒：整个的花椒。

造鲊品

鱼鲊

每大鱼一斤，切作片脔^①，不得犯水，以净布拭干。夏月用盐一两半，冬月用盐一两，待片时腌鱼出水，再撇干^②。次用姜、桔丝、莳萝、红曲、馚饭^③并葱油拌匀，入瓷罐捺实。箬叶盖，竹签插，覆罐^④，去卤尽即熟。或用原水浸，肉紧而脆。

【译】每一斤大鱼，切成片状块子，不要沾水，用干净的布擦干。夏季用一两半盐，冬季用一两盐，等不多时腌鱼出水，再将卤水舀干。再用姜、橘丝、莳萝、红曲、蒸饭及葱油一并拌匀，装入瓷罐内按实。用箬叶覆盖，插上竹签，将盛鱼块的罐子倒过来放，以口着地，等卤汁流干就熟了。或者用原卤水浸泡，鱼肉紧而脆。

玉版鲊

青鱼、鲤鱼皆可。大者，取净肉，随意切片。每斤用盐一两，腌过宿，控干。入椒、莳萝、姜桔丝、茴香、葱丝、熟油半两、桔叶数片、硬饭二三匙，再入盐少许调和，入瓶，箬封泥固。

---

① 片脔：片状块子。

② 撇干：用器皿将卤水舀干。这里有舀的意思。

③ 馚（fēn）饭：蒸饭。

④ 覆罐：将盛鱼块的罐子倒过来放，以口着地（以使腌出的卤汁能不时地流出）。

【译】青鱼、鲤鱼都可以。选大个的，取净肉，随意切片。每斤鱼肉用一两盐，腌一夜，控干水分。加入椒、莳萝、姜丝、橘丝、茴香、葱丝、半两熟油、数片橘叶、两三匙硬米饭，再加入少许盐调和，装瓶，用箬叶封口并用泥封严实。

贡御鲊

鲤鱼十斤，洗净，控干，切作脔。用酒半升、盐六两腌过宿，去卤。入姜、桔丝各二两，川椒、莳萝各半两，茴香二钱，红曲二合，葱丝四两，粳米饭升半，盐四两，酒半升，拌匀，入瓷器内收贮。箬盖，篾签。候卤出，倾去，入熟油四两，浇。

【译】选取十斤鲤鱼，洗干净，控干，切成小块。用半升酒、六两盐腌一夜，去掉卤汁。加入二两姜丝、二两橘丝、半两川椒、半两莳萝、两钱茴香、两合红曲、四两葱丝、一升半粳米饭、四两盐、半升酒拌匀，装入瓷器内收贮。用箬叶覆盖，用竹篾签好。等卤汁出来，倒去，浇入四两熟油。

省力鲊

青鱼或鲤鱼，切作三指大脔，洗净。每五斤用炒盐四两，熟油四两，姜、桔丝各半两，椒末一分，酒一盏，醋半盏，葱丝两握，饭糁少许，拌匀，瓷瓶实捺，箬盖，篾插。五七日熟。

【译】选取青鱼或鲤鱼，切成三指大的块，洗干净。每五斤鱼肉用四两炒盐、四两熟油、半两姜丝、半两橘丝、一分花椒末、一盏酒、半盏醋、两把葱丝、少许饭粒拌匀，装入瓷瓶按实，用箬叶覆盖，用竹篾插好。经过三十五天就熟了。

黄雀鲊①

每百只，修洗净②。用酒半升洗，拭干，不犯生水。用麦黄、红曲各一两、盐半两、椒半两、葱丝少许拌匀。却将雀逐个平铺瓶器内一层，以料物掺一层，装满，箬盖，篾插。候卤出，倾去。入醇酒浸，密封固。

【译】每一百只黄雀，整治洗刷干净。用半升酒洗，擦干，不要沾生水。用一两麦黄、一两红曲、半两盐、半两花椒、少许葱丝拌匀。再将黄雀逐个平铺在瓶器内，铺一层黄雀，撒一层拌好的香料，将瓶装满，用箬叶覆盖，用竹篾插好。等卤汁出来，倒去。加入醇酒浸泡，密封牢固。

蛏鲊

洗净。每斤用盐一两，腌一伏时。再洗净，控干。布裹石压，入酒少许拌。用熟油半两、姜桔丝半两、盐一钱、葱丝一两、饭糁一合、红曲、马芹、茴香少许拌匀，入瓶，泥封。十日熟。

---

① 黄雀鲊：这是自宋代以来就很有名的菜。浦江吴氏《中馈录》曾有记载。黄庭坚等人也曾作诗赞美过它。

② 修洗净：整治洗刷干净。

【译】将蛏洗干净。每一斤蛏用一两盐，腌一昼夜。再洗干净，控干水分。将蛏用布包裹、用石头来压，加入少许酒来搅拌。再用半两熟油、半两姜丝、半两橘丝、一钱盐、一两葱丝、一合饭粒及红曲、马芹、茴香各少许拌匀，装入瓶中，用泥封闭。十天后就熟了。

鹅鲊

肥者二只，去骨，用净肉。每五斤，细切。入盐三两、酒一大盏，腌过宿，去卤。用葱丝四两、姜丝二两、桔丝一两、椒半两，莳萝、茴香、马芹各少许，红曲末一合、酒半升，拌匀，入罐，实捺，箬封泥固。猪、羊精者[①]皆可，仿此治制[②]。

【译】选取两只肥鹅，去骨，用净肉。每五斤细切的鹅肉加入三两盐、一大盏酒，腌渍一夜，去掉卤汁。用四两葱丝、二两姜丝、一两橘丝、半两椒和莳萝、茴香、马芹各少许及一合红曲末、半升酒一并拌匀，装入罐中，按实，用箬叶、泥封牢固。猪、羊的瘦肉都可以，仿照这种方法来制作。

红蛤蜊酱

生者一斤，将原卤洗去泥沙，布裹石压一宿，入盐二两、红曲末一两、麦黄末一合，入罐，装酒少许，泥固封。

---

① 精者：瘦肉。

② 治制：整治，制造。

【译】选取一斤生的红蛤蜊，将原卤洗去泥沙，用布包裹、用石头来压一夜，加入二两盐、一两红曲末、一合麦黄末，装入罐中，装少许酒，用泥封牢固。

庚集

烧肉品

筵上烧肉事件^①

羊膊^②（煮熟，烧），羊肋^③（生烧），獐^④、鹿膊（煮半熟，烧），黄羊肉（煮熟，烧），野鸡（脚儿生烧），鹌鹑（去肚^⑤，生烧），水扎^⑥，兔（生烧），苦肠，蹄子，火燎肝、腰子、膂^⑦肉（以上生烧），羊耳，舌，黄鼠，沙鼠，搭剌不花^⑧，胆灌脾（并生烧），羊胹肪^⑨（半熟，烧），野鸭、川雁（熟烧），督打皮^⑩（生烧），全身羊^⑪（炉烧^⑫）。

---

① 筵上烧肉事件：筵席上的烤肉品种。烧肉，烤肉。事件，这里为品种之意。

② 羊膊（bó）：羊前腿。膊，胳膊。

③ 肋：胸部的两旁。

④ 獐：又称土麝、香獐，是小型鹿科动物之一，被认为是最原始的鹿科动物，比麝略大，原产地在中国东部和朝鲜半岛，1870 年被引入英国。现行法律法规规定禁止食用。

⑤ 肚：这里指肚脏。

⑥ 水扎：一种小水鸟。《饮膳正要》载："水扎，味甘平，无毒，补中益气。宜炙食之，甚美。"

⑦ 膂（lǔ）：脊梁骨。

⑧ 搭剌不花：《饮膳正要》载："搭拉不花（一名土拨鼠），味甘，无毒。煮食之宜人。生山后草泽中，北人掘取以食。"

⑨ 胹肪：实指乳房。胹，疑为"妳"之误。妳，即奶。肪，指脂肪，也通"房"。

⑩ 督打皮：何物不详。

⑪ 全身羊：指去除内脏的整羊。

⑫ 炉烧：在炉中烤。

右件除炉烧羊外，皆用签子插于炭火上，蘸油、盐、酱、细料物、酒、醋调薄糊，不住手勤翻，烧至熟。剥去面皮供。

【译】羊前腿（煮熟，烧），羊肋（生烧），獐子、鹿前退（煮半熟，烧），黄羊肉（煮熟，烧），野鸡（脚儿生烧），鹌鹑（去掉内脏，生烧），水扎，兔（生烧），苦肠，蹄子，火燎肝、腰子、脊梁骨肉（以上生烧），羊耳，舌，黄鼠，沙鼠，土拨鼠，胆灌脾（一并生烧），羊乳房（半熟，烧），野鸭、川雁（熟烧），督打皮（生烧），去除内脏的整羊（在炉中烤）。

以上原料除烤羊外，都用扦子插在炭火上，蘸用的油、盐、酱、香料末、酒、醋调成的薄糊，要不停地翻动，烤至熟。剥去面皮就可以供食了。

锅烧肉

猪、羊、鹅、鸭等，先用盐、酱、料物腌一二时。将锅洗净烧热，用香油遍浇，以柴棒架起肉，盘合纸封①，慢火焐②熟。

【译】猪、羊、鹅、鸭等原料都可以做，先用盐、酱、香料腌渍一两个时辰。将锅洗净烧热，用香油将肉浇一遍，再用木棍架起肉，用盘子将锅盖上，盘与锅口之间的缝隙用

――――――――――――

① 盘合纸封：用盘子将锅盖上，盘与锅口之间的缝隙用湿纸封上。

② 焐：原指火熄。这里与"焐""焖"等意。

湿纸封上，慢火焖熟。

铲烧肉

但诸般肉劈作片，刀背捶过。滚汤蘸^①，布扭干^②，入料物打拌。上划烧熟，割入碟，浇五味醋，供。

【译】各种肉都可以做，将肉切成片，用刀背捶过。下开水里迅速烫一下后立刻提起，用布拭干，加入香料拌匀。放铲上烧熟，将肉割下放入碟中，浇上五味醋，供食。

酿烧鱼^③

鲫鱼大者，肚、脊劈开，洗净。酿打拌肉。杖夹烧熟，供。

【译】选取大个的鲫鱼，从鱼肚、脊劈开，洗干净。酿入拌好的肉馅。用木棍夹好后烧熟，供食。

酿烧兔

只用腔子^④。将腿、脚肉与羊臕^⑤缕切^⑥，馇饭一匙、料物打拌，酿入腔内，线缝合。杖夹烧熟，供。

【译】只用兔子的身体部分。将兔腿、脚肉与肥羊肉细切，加入一匙蒸饭和香料搅拌，酿入兔腔内，用线缝合。用

---

① 滚汤蘸：下开水里迅速烫一下后立刻提起。

② 扭干：这里实为用布拭干。

③ 酿烧鱼：这是一道鱼腹中酿有肉馅的烤菜。

④ 腔子：指兔子的身体部分。

⑤ 羊臕：肥羊肉。

⑥ 缕切：细切。

木棍夹好后烧熟，供食。

碗蒸羊

肥嫩者，每斤切作片。粗碗一只，先盛少水，下肉，用碎葱一撮、姜三片、盐一撮，湿纸封碗面。于沸上火炙[①]数沸，入酒、醋半盏，酱干、姜末少许，再封碗慢火养。候软，供。砂铫亦可[②]。

【译】选取肥嫩的羊肉，每斤肉切成片。取一只粗碗，先盛少量的水，下肉，加入一撮葱末、三片姜、一撮盐，用湿纸将碗口封闭。在火上烤制几开，加入半盏酒、半盏醋、少许酱干、少许姜末，再封碗用慢火养。等肉软了以后，供食。用砂铫来蒸羊肉也行。

---

① 炙：这里为烧的意思。

② 砂铫亦可：用砂铫来蒸羊肉也行。砂铫，沙土烧制成的铫子。

煮肉品

煮诸般肉法

羊肉滚汤下，盖定，慢火养。

牛肉亦然，不盖。

马肉冷水下，不盖。

獐肉冷水下，煮七八分熟。

鹿肉亦然。煮过[1]则干燥无味。

驼峰、驼蹄腌一宿，滚汤下一二沸，慢火养。其肉衠[2]油，火紧易化。加地椒[3]。

熊[4]掌用石灰沸汤挦净，布缠煮熟。或糟尤佳。

熊白[5]劈小段，焯微熟，同蜜食。多食破腹。

鹿舌、尾冷水下，慢火煮。水少慢不损味[6]。做肉丝用。

---

[1] 过：过头。

[2] 衠（zhūn）：纯。

[3] 地椒：唇形科百里香属的植物。有祛风解表、行气止痛的功效，用于感冒、头痛、牙痛、腹胀冷痛。

[4] 熊：现行法律法规规定禁止食用。

[5] 熊白：熊背的白脂，系珍味。

[6] 水少慢不损味：用少量水、慢火煮不损失味道。

鹚①、老雁、青鹠②滚汤下，慢火养，八分熟。

虎③肉、獾④肉土内埋一宿，盐腌半日。下冷水煮半熟，换水，加葱、椒、酒、盐煮熟。

煮硬肉，用硇砂⑤、桑白皮⑥、楮实⑦同下锅，立软。

败肉入阿魏⑧间煮。如无，用胡桃三个。每个钻十数窍，臭气皆入胡桃中。

煮驴、马肠无秽气。候半熟漉出，用香油、葱、椒、麸盘肉⑨，入胡桃三个，换水煮软。

煮肥肉先用芝麻花、茄花同物料调稀糊涂上，火炙干。下锅煮熟。

【译】羊肉开水下锅，盖盖，慢火慢煮。

牛肉也一样，不盖盖。

① 鹚（cí）：鸬鹚。

② 青鹠：苍鹭，又称灰鹭。大型水边鸟类，头、颈、脚和嘴均甚长，因而身体显得细瘦。现行法律法规规定禁止食用。

③ 虎：现行法律法规规定禁止食用。

④ 獾：现行法律法规规定禁止食用。

⑤ 硇砂：矿物名。一作"硵（lǔ）砂""白硇（náo）砂"，性温，味咸、苦、辛，有毒。中医学上用作消积软坚药。

⑥ 桑白皮：为桑科植物桑除去栓皮的根皮。味甘，性寒。有泻肺平喘、行水消肿等功效。

⑦ 楮实：为桑科植物楮树的果实。味甘，性寒。有滋肾、清肝、明目等功效。

⑧ 阿魏：新疆一种独特的药材。属伞形科草本，多年生一次结果。分新疆阿魏和阜康阿魏两种。有理气消肿、活血消疲、祛痰和兴奋神经的功效。维吾尔族医生还用它驱虫、治疗白癜风。

⑨ 盘肉：揉、按肉之意。这里的肉实指驴、马的肠子。

马肉冷水下锅，不盖盖。

獐肉冷水下锅，煮七八成熟。

鹿肉也一样。煮过头了就会干燥无味。

驼峰、驼蹄腌一夜，开水下锅煮一两开，慢火慢煮。肉为纯油，火大容易溶化。加些地椒。

将熊掌用石灰开水捀干净，用布缠好煮熟。或加些糟更好。

熊背的白脂劈成小段，焯水至微熟，同蜜一同食用。多食会破腹。

鹿舌、尾冷水下锅，慢火煮。用少量水、慢火煮不损失味道。可以做肉丝用。

鸬鹚、老雁、青鹕开水下锅，慢火慢煮，八成熟即可。

虎肉、獾肉在土里埋一夜，用盐腌半天。下冷水煮至半熟，换水，加入葱、花椒、酒、盐再煮熟。

煮硬肉，用硇砂、桑白皮、楮实一同下锅，肉马上变软。

将有异味的肉加入阿魏后煮制。如果没有阿魏，就用三个胡桃。在每个胡桃上钻十几个孔，臭气都会进到胡桃中。

煮驴、马肠没有臭气。等肠子半熟后捞出，用香油、葱、花椒、麸按揉肠子，加入三个胡桃，换水煮软。

煮肥肉时，先用芝麻花、茄花与香料调成稀糊，涂抹在肉上，用火烤干。再下锅煮熟。

肉下酒

生肺

獐肺为上，兔肺次之。如无，山羊肺代之。一具全无损者，使口呃尽血水。用凉水浸，再呃再浸。倒尽血水如玉叶①方可。用韭汁、蒜泥、酪、生姜自然汁入盐调味匀，滤去滓。以湿布盖肺冰㵷②。用灌袋灌之③了，务要充满。就筵上割散之④。

【译】獐肺为首选，兔肺次之。如果没有这两种料，用山羊肺来代替。选取一个完整无损的肺，使嘴吸尽血水。用凉水浸泡，再吸再浸泡。将血水排尽，肺叶要像玉一样洁白才可以。用韭菜汁、蒜泥、酪、生姜的自然汁入盐将味调匀，滤去渣滓。用湿布盖住肺来冰镇。用灌袋将调匀去滓的韭、蒜、姜汁等灌入冰镇后的肺中，一定要灌满。将灌满汁、料的肺在筵席上切割分给宾客食用。

酥油肺

用獐、兔肺。如无，羯羊⑤肺亦可。依上⑥去血水。用蜜

---

① 玉叶：指洗净的肺叶洁白如玉。

② 冰㵷（zhèn）：冰镇。

③ 用灌袋灌之：指将调匀去滓的韭、蒜、姜汁等用灌袋灌入冰镇后的肺中。

④ 就筵上割散之：将灌满汁、料的肺在筵席上切割分给宾客。

⑤ 羯（jié）羊：阉割了的公羊。

⑥ 上：上一条中的方法。

酥加稠酪、杏泥、生姜汁同和，滤扭去滓。布盖冰渫^①。筵前割散。

【译】选用獐、兔肺。如果没有这两种料，用阉割了的公羊肺也可以。按照上一条中的方法去掉血水。用蜜酥加入稠酪、杏泥、生姜汁一同拌和，滤去渣滓。用湿布盖住肺来冰镇。用灌袋将调匀去滓的稠酪、杏泥、生姜汁等灌入冰镇后的肺中，一定要灌满。将灌满汁、料的肺在筵席上切割分给宾客吃。

琉璃肺

用羖羊^②肺，依上法去血净。用杏泥四两、生姜汁四两、酥四两、蜜四两、薄荷叶汁二合、酪半斤、酒一盏、熟油二两，已上^③和匀，滤滓二三次。依前法灌至满，冰渫。就筵割散。

【译】选用公羊的肺，按照上一条的方法去净血水。用四两杏泥、四两生姜汁、四两酥、四两蜜、两合薄荷叶汁、半斤酪、一盏酒、二两熟油，以上这些物料调和均匀，滤滓两三次。按照上一条的方法将肺灌满，冰镇。将灌满汁、料的肺在筵席上切割分给宾客吃。

---

① 布盖冰渫：此句后漏"用灌袋灌之"一类的话。

② 羖（gǔ）羊：公羊。

③ 已上：以上这些物料。

水晶脍

猪皮，割去脂^①，洗净。每斤用水一斗，葱、椒、陈皮少许，慢火煮皮软，取出，细切如缕，却入原汁内再煮稀稠得中，用绵纸滤，候凝即成^②。脍切之^③。酽醋浇食。

【译】猪皮，切掉油脂、肥膘，洗干净。每一斤猪皮用一斗水及少许葱、花椒、陈皮，用慢火煮至皮软，取出，切成丝，再加入原汁内再煮至稀稠适度，用绵纸过滤，等猪皮汁凝固就行了。将猪皮胶冻切成丝。浇上浓醋来吃。

又法^④

鲤鱼皮、鳞不拘多少。沙盆内擦洗白，再换水濯净^⑤。约有多少^⑥，添水，加葱、椒、陈皮熬至稠粘，以绵滤净，入鳔少许，再熬再滤。候凝即成，脍缕切。用韭黄、生菜、木犀、鸭子笋丝簇盘^⑦，芥辣醋浇。

【译】鲤鱼皮、鳞不论数量多少。放在砂盆内擦洗变白，再换水洗干净。估量一下鱼皮、鳞的数量，加水，加适量葱、花椒、陈皮熬至黏稠，用绵纸过滤干净，加入少许

---

① 脂：这里指猪皮上的油脂、肥膘。

② 候凝即成：等猪皮汁凝固就行了。

③ 脍切之：将猪皮胶冻切成丝。

④ 又法：制"水晶脍"的又一种方法。上一法以猪皮制成，本法是以鱼皮、鱼鳞制成。

⑤ 濯（zhuó）净：洗干净。

⑥ 约有多少：估量一下鱼皮、鳞有多少。约，估。

⑦ 簇盘：堆在盘中。

鳔，再熬再过滤。等鱼皮汁凝固就行了，将鱼皮胶冻切成丝。用韭黄、生菜、木犀、鸭子笋丝堆在盘中，浇上芥辣醋即可。

照脍①

鱼不拘大小，鲜活为佳，去头、尾、肚、皮。薄切，摊白纸上晾片时，细切如丝。以萝卜细剁，布扭作汁，姜丝少许，拌鱼脍入碟。饤②作花样③。簇生香菜、芫荽，以芥辣醋浇。

将鱼头、尾煮姜辣羹，加菜头④供。浙西人谓之"烫脍羹"。

【译】鱼不考虑大小，鲜活的最好，去掉头、尾、内脏、皮。切薄片，摊在白纸上晾片刻，切成细丝。将萝卜剁细，用布扭出汁，加入少许姜丝，将拌鱼脍加入碟中。拼摆成花色冷盘。堆上生香菜、芫荽，浇上芥辣醋即可。

将鱼头、尾煮成姜辣羹，加入菜心供食。浙西人把这道菜称为"烫脍羹"。

脍醋⑤

煨葱四茎、姜二两、榆仁酱半盏、椒末二钱，一处擂

① 脍：这里介绍的是生鱼丝的制法。

② 饤：饾饤。原指供陈设的食品。这里指拼摆冷盘。

③ 花样：花色冷盘。

④ 菜头：菜心。

⑤ 脍醋：专为生鱼片、肝肚生等冷盘菜配制的调料。

烂，入酸醋内，加盐并糖，拌鲙用之。或减姜半两，加胡椒
一钱。

【译】将四根葱、二两姜、半盏榆仁酱、两钱花椒末煨
制，放在一起擂烂，再放入酸醋内，加入适量盐和糖，拌冷
盘菜时用。或者可以减半两姜，加一钱胡椒。

肝肚生

精羊肉并肝，薄劈，摊纸上，血尽，缕切；羊百叶亦
缕切。装碟内。簇嫩韭、芫荽、萝卜、姜丝，用"脍醋"浇
（炒葱油抹过，肉不腥）。

【译】将精羊肉和肝切成薄片，摊在纸上，流尽血水，
切成细丝；羊百叶也切成细丝。将切好的肉丝一并装入碟
内。堆上嫩韭菜、芫荽、萝卜、姜丝，浇上脍醋即可（用炒
葱油来涂抹肉，肉不会腥）。

聚八仙①

熟鸡为丝，衬肠焯过剪如线。如无，熟羊肚针丝、熟虾
肉、熟羊肚胘②（细切）、熟羊舌片（切），生菜、油、盐
揉糟，姜丝、熟笋丝、藕丝、香菜、芫荽簇碟内。脍醋浇。
或芥辣③或蒜酪皆可。

【译】将熟鸡肉切成丝，衬肠焯过水并剪成像线一样的

---

① 聚八仙：这是一种冷盘菜。八仙，指八种左右的原料。

② 胘（xián）：胃。

③ 芥辣：用芥菜籽制作的一种辣味汁。

丝。如果没有这些料，就用熟羊肚丝、熟虾肉、熟羊肚（切成丝）、熟羊舌片（切过），用生菜、油、盐来揉糟，将姜丝、熟笋丝、藕丝、香菜、芫荽堆在碟内。浇上脍醋即可。或者用芥辣汁或蒜酪都可以。

假炒鳝[1]

羊膂肉劈作大片，用豆粉、白面表裹，匀糁[2]，以骨鲁捶拍如作汤脔[3]相似，蒸熟，放冷。斜纹切之，如鳝生[4]。用木耳、香菜簇钉。脍醋浇，作下酒[5]。纵、横切皆不可，唯斜纹切为制。

【译】将羊脊椎骨肉切成大片，用豆粉、白面粘裹肉片的表面，桌上再匀撒一层豆粉、白面，用骨鲁槌将羊肉片拍成近似做汤的肉片，蒸熟，晾凉。将肉片斜纹切，切得像生鳝丝一样。将木耳、香菜堆在碟中。浇上脍醋，可作为下酒菜。纵、横纹切肉都不可以，唯独可以斜纹切肉，这是规矩定法。

曹家生红

羊膂肉四两（细切）、熊白一两（如无，肚眩代）、糟姜丝半两、水晶脍半两、酥二钱，萝卜丝、嫩韭、香菜簇，

---

① 假炒鳝：假的炒鳝鱼。因以羊肉丝代鳝丝，故名。

② 匀糁：指在桌上匀撒一层豆粉、白面做"饾"，以防用骨鲁槌拍羊肉片时粘连。

③ 作汤脔：做汤的肉片。

④ 鳝生：生鳝丝。

⑤ 作下酒：作为下酒菜。

鲙醋浇。

【译】选取四两羊脊椎骨肉（切丝）、一两熊背的白脂（如果没有，可以用羊肚代替）、半两糟姜丝、半两水晶脍、两钱酥，将萝卜丝、嫩韭、香菜堆在碟中，浇上脍醋即可。

水晶冷淘脍①

羭猪②夹脊皮三斤净，去膘，刷净。入锅，添水，令高于皮三指。急火煮滚，却以慢火养。伺耗大半，即以勺撇清汁浇大漆单盘内，如作煎饼，乘热摇荡，令遍满盘底。候凝，揭下，切如冷淘。簇生菜、韭、笋、萝卜等丝，五辣醋浇之。

【译】将三斤阉割过的猪的夹脊皮治净，去掉油脂、肥膘，刷洗干净。入锅，加水，要让水高过皮三个手指。大火煮开，再用慢火慢煮。等汤汁耗去大半的时候，就用木勺撇出清汁浇在大漆单盘内，像做煎饼一样，趁热摇荡，让清汁遍布盘底。等凝固了，揭下，切成像冷淘一样的细丝。将生菜、韭、笋、萝卜等丝堆在碟中，浇上五辣醋即可。

---

① 水晶冷淘脍：像面条一样的猪皮冻丝。水晶，形容猪皮冻透明，犹如水晶。冷淘，古代的一种冷面。

② 羭（fén）猪：阉割过的猪。

肉灌肠红丝品

松黄肉丝

用面酱或榆仁酱（研烂），入姜汁、醋、松子（研烂）、芥末等，滤去滓，调和得所，入盐，喫肉[1]。入黄瓜丝名"黄瓜肉丝"。

【译】用面酱或榆仁酱（研磨至烂），加入姜汁、醋、松子（研磨至烂）、芥末等，滤去渣滓，调和均匀，加入盐，浇在肉丝上，就可食用了。如果加入黄瓜丝菜名就叫"黄瓜肉丝"。

韭酪肉丝

稠酪，入细切成生韭，蒜泥、盐少许，搅匀，浇肉食。

【译】将稠酪加入细切的生韭及少许蒜泥、盐，搅匀，浇在肉丝上，就可食用了。

灌肺

羊肺带心一具，洗干净，如玉叶。用生姜六两（取自然汁，如无，以干姜末二两代之）、麻泥[2]杏泥[3]共一盏、白面三两、豆粉二两、熟油二两，一处拌匀，入盐、肉汁。看肺大小用之。灌满，煮熟。

---

① 喫肉：吃肉。指将搅匀的调料浇在肉丝上，就可食用了。意同"韭酪肉丝"中的"浇肉食"。

② 麻泥：芝麻糊。

③ 杏泥：杏仁糊。

【译】选取一副带心的羊肺，洗干净，肺叶要像玉一样洁白。用六两生姜（取自然汁。如果没有，用二两干姜末代替）、一盏芝麻糊和杏仁糊、三两白面、二两豆粉、二两熟油，一同拌匀，加入盐、肉汁。要根据肺的大小来适量加入盐、肉汁。将肺灌满后煮熟吃。

又法

用面半斤、豆粉半斤、香油四两、干姜末四两，共打成糊，下锅煮熟。依法灌之，用慢火煮。

【译】将半斤面、半斤豆粉、四两香油、四两干姜末一并打成糊，下锅煮熟。按照前面方法将肺灌满，用慢火煮制。

汤肺

肺一具，生切作条或块。用姜四两（取自然汁）、杏泥二两、酱一匙头、盐钱半①，打拌腌肺。下滚肉汁内，两滚便盛供。

【译】选取一副肺，生时切成条或块状。用四两姜（取自然汁）、二两杏仁糊、一匙头酱、一钱半盐，搅匀后腌肺。腌好的肺下入滚开的肉汤里，两开后就可以装盘供食了。

---

① 钱半：一钱半。

灌肠

　　肥羊盘肠并大肠洗净。每活血①勺半②、凉水勺半，搅匀。依常法灌满。活血则旋旋兑③，不可多了，多则凝，不能灌入。

　　【译】将肥羊盘肠和羊大肠洗干净。每一勺半新鲜的羊血加入一勺半的凉水，搅匀。按照常法将肠灌满。新鲜的羊血要慢慢掺和，不能多了，多了就会凝固，不便于灌入肠中。

---

① 活血：新鲜的羊血。

② 勺半：一勺半。

③ 兑：掺和之意。

肉下饭品

千里肉

连皮羊浮胁①五斤、醋三升、胡荽子一合（绢袋盛）、盐三两、酒三盏、蒜瓣三两，同煮，慢火养熟，压成块，切，略晒干。

【译】选取五斤带皮的羊浮胁、三升醋、一合胡荽子（用绢袋来盛）、三两盐、三盏酒、三两蒜瓣，一同煮制，用慢火将羊肉炖熟，压成块状，改刀，微微晒干即可。

干咸豉

精羊肉，每斤切作块或挺子②，盐半两，酒、醋各一碗，砂仁、良姜、椒、葱、桔皮各少许，慢火煮汁尽。晒干，可留百日。

【译】选取精羊肉，每斤切成块或条状，加入半两盐、一碗酒、一碗醋及少许砂仁、良姜、花椒、葱、橘皮，用慢火煮至汁干。将肉取出晒干，可保存一百天左右。

法煮羊肉

扪、燎③净，下锅煮。入葱五茎、桔皮一片、良姜一块、椒十余粒。滚数沸，入盐一匙尖。慢火煮熟。放冷，切

① 胁：从腋下到腰上的部分。

② 挺子：条子。

③ 燎（liǎo）：用火焰烧。

作片。临食，木碗盛，酒洒，蒸热。入碟供，胜烧者。作签①亦佳。羊棒臆②、尾巴皆可制。

【译】将羊肉捯、燎干净，下锅煮。加入五根葱、一片橘皮、一块良姜、十多粒花椒。煮几开，加入一匙尖盐。用慢火将羊肉煮熟。晾凉，切成片。临吃的时候，用木碗盛，洒些酒，再蒸热。装入碟中供食，比烧羊肉好。作签馅也好。羊胸肋骨、羊尾巴都可以这样做。

法煮羊肺

切如数段，晾，洗，入沙罐煮。用生姜三片，良姜、椒、盐各少许，葱三握，湿纸覆罐口，勿泄味。慢火煨。候羊③半熟，再切细，添些酒，再煮软，供。羊肚、托胎、硬髓皆可。禁中谓"杂沤"④。

【译】将羊肺切成数段，晾，洗净，放入砂罐中煮制。加入三片生姜及少许良姜、花椒、盐和三握葱，用湿纸覆盖罐口，不要漏味。用慢火煨制。等羊肺半熟的时候，取出细切，加些酒，再煮软后装盘供食。羊肚、托胎、硬髓都可以这样做。宫中称法煮羊肚、托胎、硬髓叫"杂沤"。

---

① 作签：这里指的是签馅。签，古代制作菜肴的一种方法，以肉馅灌肠，或以面皮、蛋皮包肉馅，再蒸、煎而成。

② 羊棒臆：胸肋骨，这里疑指羊肋条肉。

③ 羊：应为羊肺。漏一"肺"字。

④ 禁中谓"杂沤"：宫中称法煮羊肚、托胎、硬髓叫"杂沤"。

牛肉瓜齑①

每十斤，切作大片，细料物一两、盐四两拌匀，腌过宿。次早翻动，再腌半日，控出。此春秋腌法。夏伏腌半日、冬腌三日，控干。用香油十两炼熟，倾肉下锅，不住手搅。候油干，倾入腌卤再炒。用酽醋倾入，上指半高②。慢火三五滚。下酱些小③，慢火煮令汁干，漉出。筛子推晒，干为度。如要久留，肉每斤用盐六钱，酒、醋各半盏，经年不坏。猪、羊皆可。

【译】将十斤牛肉切成大片。加入一两香料末、四两盐拌匀，腌过一夜。第二天早晨翻动一下，再腌半天，捞出控水。这是春、秋季节的腌法。夏季伏天腌半天、冬季腌三天后控干。将十两香油炼熟，肉下锅，不停手地搅动。等油干后，倒入腌肉汁再炒。倒入浓醋，浓醋要超过肉片一手指半的高度。用慢火煮至三五开。加入少许酱，用慢火煮至汤干，捞出。将肉放入筛子中晒制，晒干为止。如果要长时间保存，每斤肉加入六钱盐、半盏酒、半盏醋，可一年不坏。猪肉、羊肉都可以这样做。

骨炙

带皮羊胁，每枝截两段。用硇砂末一稔④，沸汤浸，放

---

① 牛肉瓜齑：一种片状的牛肉干。

② 上指半高：指浓醋要超过肉片一手指半的高度。

③ 些小：些少，少许。

④ 一稔（rěn）：一小撮。

温，蘸，炙，急翻勿令熟。再蘸再炙，如此三次。好酒略浸，上铲一翻，便可食。凡猪、羊脊膂、獐兔精肉，用羊脂包炙之。

【译】选取带皮的羊胁，每个羊胁截成两段。用一小撮硇砂末加入开水中浸泡羊胁，放至稍温，蘸，烤制，快速翻个且不要烤熟。再蘸再烤，这样做三次。取上好的酒将羊胁稍微浸泡一下，上铲一翻，就可以食用了。猪、羊脊椎骨肉，獐、兔瘦肉，用羊脂包裹烤制。

红燨腊

夹脊带肥，每段约三斤。凉水浸一二时，烧滚下锅，用葱三茎、川椒、茴香各三钱煮两三沸，漉出。用石压去油水，切成大片。皂角汁合浆水洗，再以温水淘净。肉汁澄清，入酱，下锅，却放肉煮，不用盖。用大料物两半、红曲半两，慢火燨软，掠去油末，将肉漉出，控干。调汁，滋味得所，下白矾末些少，撮起浑脚①，澄清。别碗装肉②，汁浇③，葱丝供。

【译】选取带肥的夹脊肉，每段约三斤。用凉水浸泡三四个小时，烧开水后下锅，加入三段葱及川椒、茴香各三钱煮两三开，捞出。用石头压肉去掉油水，切成大片。用皂

---

① 浑脚：杂质。

② 别碗装肉：另用一只碗装漉出、控干的肉片。

③ 汁浇：用调好味、澄清的卤汁浇在肉上面。

角汁调和的浆水洗一下，再以温水淘净。将肉汁澄清，加入酱，将肉下锅煮制，不用盖盖。加入两块大料物、半两红曲，用慢火熬软，撇去油沫，将肉捞出，控干水分。调汁，口味合适，下入少许白矾末，撮起杂质，澄清。另用一只碗装漉出、控干的肉片，用调好味、澄清的卤汁浇在肉上面，配上葱丝供食。

川炒鸡①

每只洗净，剁作事件②。炼香油三两，炒肉，入葱丝、盐半两，炒七分熟。用酱一匙，同研烂胡椒、川椒、茴香，入水一大碗，下锅煮熟为度。加好酒些少为妙。

【译】将每只鸡洗净，剁成块。用三两炼好的香油炒肉，加入葱丝、半两盐，炒至七成熟。加入一匙酱及研烂的胡椒、川椒、茴香，再加入一大碗水，下锅将鸡煮熟为止。煮制的时候最好加少许上好的酒。

熝鹅、鸭

每只洗净，炼香油四两，爁③变黄色，用酒、醋、水三件中停浸没。入细料物半两、葱三茎、酱一匙，慢火养，熟为度。

【译】将每只鹅或鸭洗干净，用四两炼好的香油，烤至

① 川炒鸡：川疑为“小”之误。明《多能鄙事》中收有一类似的菜，名“小炒鸡”。

② 事件：原意是鸟兽类的内脏。这里似指剁成块。

③ 爁（làn）：火势。这里为炙烤的意思。

黄色，用酒、醋、水混合后浸泡且要淹没食材。加入半两香料末、三段葱、一匙酱，用慢火慢煮至熟为止。

鹌、雀、兔、鱼酱

洗净，各别置之。每斤料用白盐、曲末四两、葱三茎（切一寸长）、酒三合、胡椒、莳萝、川椒、干姜并为细末各一钱、红曲末二两同拌匀。每十斤入熟油六两再拌，入瓶装，箬密①泥封。腊月造，三月开，四月熟。唯鱼酱加荜拨②半钱。

【译】将食材洗净，分别放置。每斤食材加入白盐、曲末各四两、三根切成一寸长的葱、三合酒及各一钱的胡椒末、莳萝末、川椒末、干姜末、二两红曲末一同拌匀。每十斤肉加入六两熟油再拌，装入瓶中，箬叶密裹，用泥封口。腊月制作，三月开瓶，四月就熟了。唯独做鱼酱时加半钱荜拨。

一了百当

牛、羊、猪肉共三斤（剁烂），虾米（拣净）半斤（捣为末），川椒、马芹、茴香、胡椒、杏仁、红豆各半两（为细末），生姜（细切）十两，面酱半斤，腊糟一斤，盐一斤，葱白一斤，芜荑（细切）二两。用香油一斤，炼熟，将

---

① 箬密：箬叶密裹。

② 荜拨：别名毕勃、荜茇、荜菝、荜拨胡椒科，胡椒属、蛤蒌。攀缘藤本，长达数米；枝有粗纵棱和沟槽，幼时被极细的粉状短柔毛，毛很快脱落。茎细如箸，叶似蒌叶，子似桑葚，八月采，果穗可入药。

上件肉料一齐下锅炒熟，候冷，装瓷器内，封盖。随食用之。亦以调和汤汁，尤佳（粘合平章①常用）。

【译】选取牛、羊、猪肉共三斤（要剁烂），半斤虾米（拣干净，捣成末），川椒、孜然、茴香、胡椒、杏仁、红豆各半两（均捣成细末），十两生姜（细切），半斤面酱，一斤腊糟，一斤盐，一斤葱白，二两芜荑（细切）。将一斤香油炼熟，将上述肉、香料一并下锅炒熟，晾凉后装入瓷器内，封盖。随时可食用。也可以调和汤汁，味道非常好（粘合平章经常这样吃）。

马驹儿

马核桃肠洗净，翻过。将马肉、羊肉同川椒、陈皮、茴香、生姜、葱、榆仁酱一处剁烂，装入肠内。每个核桃装满，线扎煮熟。就筵上割块。又，入芥末肉丝食之。

【译】将马核桃肠洗干净，从内向外翻过。将马肉、羊肉同川椒、陈皮、茴香、生姜、葱、榆仁酱放在一起剁烂，装入肠内。每个核桃都要装满，用线扎好并煮熟。将煮熟的肠在筵席上切块分给宾客。另，可以加入芥末肉丝食用。

盘兔

肥者一只，煮七分熟，拆开，缕切。用香油四两炼熟，下肉，入盐少许、葱丝一握，炒片时。却将原汁澄清下锅，滚二三沸，入酱些少。再滚一二沸，调面丝，更加活血两

① 粘合平章：平章，官名。粘合平章，其人事迹不详。

勺，滚一沸。看滋味，添盐、醋少许①。若与羊尾、羊膘缕切同炒，尤炒。

【译】选取一只肥兔，煮至七成熟，拆开，细切。将四两香油炼熟，下兔肉，加入少许盐、一把葱丝，炒制片刻。再将原汁澄清后下锅，煮两三开，加入少许酱。再煮一两开，调和面丝，再加两勺鲜（兔）血，煮一开。尝尝味道，如需要，再加入少许盐、醋。如果用细切的羊尾、肥羊肉一同炒制，味道会非常好。

罨②兔

剥皮，去肠、肚等，用成块良姜、桔皮、川椒、茴香、葱并萝卜五七块填腹中，朴硝一块在口内。用水一大碗，入酒、醋、盐、油各少许，于锅内安杖子阁兔③，勿令着水④。瓦盆盖，纸糊合缝，勿走气。煮，觉水滚溢，撤火，溢过，再烧一食久⑤，即熟矣。

【译】将兔剥皮，去掉肠和肚等，把成块的良姜、橘皮、川椒、茴香、葱和五块到七块萝卜填入兔的肚里，一块皮硝放入兔的口里。取一大碗水，加入少许的酒、醋、盐、油，在锅内支木棒，木棒上搁兔子，兔子不要接触到

---

① 看滋味，添盐、醋少许：尝尝味道，如需要，再加入少许盐、醋。

② 罨（ǎn）：本意是覆盖和渔网。此处何意不详。

③ 安杖子阁兔：在锅内支木棒，木棒上搁兔子。

④ 勿令着水：指兔子不要接触到锅中的水，意即要架高一些。

⑤ 一食久：一顿饭的时间。

锅中的水。用瓦盆盖好，用纸糊好缝隙，不能漏气。煮制，感觉到水开且要向外溢，撤火，溢过后，再烧一顿饭的时间，兔子便熟了。

粉骨鱼

鲤鱼洗净，勿切碎，盐腌得所。鱼腹内纳细料物、椒、姜、葱丝，锅内著水，入酒半盏，放下鱼，糁楮实末三钱，盘盖定，勿走气。慢火养半日或一夜，放冷，置盘中。其骨如粉。

【译】将鲤鱼洗净，不要切碎，用盐腌好。将细料物、花椒、姜、葱丝放入鱼肚里，锅内放水，加入半盏酒后将鱼下锅，撒上三钱楮实末，用盘盖，不要漏气。慢火慢煮半天或一夜，晾凉后放入盘中。鲤鱼的骨像粉一样。

酥骨鱼

鲫鱼二斤，洗净，盐腌，控干。以葛蒌①酿抹鱼腹，煎令皮焦，放冷。用水一大碗，莳萝、川椒各一钱，马芹、桔皮各二钱（细切），糖一两、豉二钱、盐一两、油二两，酒、醋各一盏，葱二握、酱一匙、楮实半两，搅匀。锅内用箬叶铺，将鱼顿放，箬覆盖。倾下料物水，浸没。盘合封闭，慢火养熟。其骨皆酥。

---

① 葛蒌：萝藦，别名芄兰、斫合子、白环藤、羊婆奶、婆婆针落线包等。萝藦科萝藦属植物，多年生草质藤本。全株可药用：果可治劳伤、虚弱、腰腿疼痛、缺奶、白带、咳嗽等；根可治跌打、蛇咬、疔疮、瘰疬、阳萎；茎叶可治小儿疳积、疔肿；种毛可止血；乳汁可除瘊子。

【译】将两斤鲫鱼洗净，用盐腌后控干水分。将萝蘑酿入并涂抹鱼肚，下锅煎至皮焦，晾凉。取一大碗水，加入莳萝和川椒各一钱、孜然和橘皮各两钱（要细切）、一两糖、两钱豉、一两盐、两两油、酒和醋各一盏、两把葱、一匙酱、半两楮实一并搅匀成香料水。锅内用箬叶铺底，将鱼放好，再用箬叶覆盖。倒入香料水，将鱼淹没。用盘子将锅盖上，封闭好盘与锅口之间的缝隙，用慢火慢煮至熟。鲫鱼骨都会很酥。

肉羹食品

骨插羹

羊肥肋，每枝截五段。每斤用水二碗煮转色，下淘净碎白粳米两匙、葱三握。候肉半软，下去皮山药块三之一[①]，搅匀，令上下浓恋[②]。俟软，入酒半盏、盐半钱、干姜末少许、醋半勺，更入少[③]乳饼、笋、蕈[④]尤佳。鸡、鹅、鸭、鸽，亦同此制造。

【译】选取肥的羊肋，每根截成五段。每斤羊肋用两碗水煮至变色，下入两匙淘干净的碎白粳米、三把葱。等肉半软的时候，下入去皮的山药块（山药块与肉用量之比为一比三），搅匀，使上下浓稠均匀。等肉软了以后，加入半盏酒、半钱盐、少许干姜末、半勺醋，再加入少许乳饼、笋、蕈更好。鸡、鹅、鸭、鸽，也按照这种方法来制作。

萝卜羹

羊肉一斤，骰块切，萝卜半斤，如上切，水一二碗、葱三茎、川椒三十粒，慢火煮，入干姜末一稔，盐、酒、醋各

---

① 三之一：指山药块与肉用量之比为一比三。

② 浓恋：浓稠均匀。

③ 少：少许。

④ 蕈（xùn）：真菌的一类，生长在树林里或草地上。地下部分叫菌丝，能从土壤里或朽木里吸取养料。地上部分由帽状的菌盖和杆状的菌柄构成，菌盖能产生孢子，是繁殖器官。种类很多，有的可以吃，如香菇；有的有毒则不能吃，如毒蝇蕈。

少许。软为度。

【译】将一斤羊肉切成色子块，半斤萝卜也切成色子块，同一两碗水、三根葱、三十粒川椒，用慢火煮制，加入一撮干姜末及少许盐、酒、醋。将羊肉煮软为止。

炒肉羹

羊精肉切如缕，肾胠①脂（骰块切）二两、葱二握、水四碗，先烧热，下肉、葱，入酒、醋调和。肉软，下脂、姜末少许。

【译】将羊瘦肉切成丝，将羊腰子、羊胠、羊油（切成色子块）各二两、两段葱、四碗水下锅，先将水烧热，下入肉、葱，加入酒、醋调和。肉软后下入羊油和少许姜末即可。

假鳖羹

肥鸡煮软，去皮，丝擘如鳖肉。黑羊头煮软，丝擘如裙栏②。鸭子黄与豆粉溲和为卵③，焯熟。用木耳、粉皮衬底面上，对装肉汤，烫好汤浇。加以姜丝、菜头供之。加乳饼尤佳。

【译】将肥鸡煮软，去掉鸡皮，撕成像鳖肉一样的丝；将黑羊头煮软，撕成像裙边一样的丝；将鸭蛋黄与豆粉和成

---

① 胠（qū）：腋下腰上的部分。

② 裙栏：鳖的裙边。

③ 卵：鳖蛋。

像鳖蛋一样的丸，下锅焯熟；用木耳、粉皮衬底，把加工好的食材放在上面，浇上烧热的肉汤。再加入姜丝、菜头就可以供食了。配上乳饼味道更好。

螃蟹羹

大者十只，削去毛净，控干。剁去小脚稍并肚厣，生拆开，再剁作四段。用干面蘸过下锅煮。候滚，入盐、酱、胡椒调和，供。与冬瓜煮，其味更佳。

【译】选取十只大个的螃蟹，削去毛，洗净，控干水分。剁去螃蟹小脚稍带着螃蟹肚两侧，将螃蟹生的时候就拆开，再剁成四段。用干面粉蘸过后下入锅中煮。开锅后，加入盐、酱、胡椒调和后供食。与冬瓜一同煮，味道更佳。

团鱼①羹

先剁去头，下锅，入大料物，煮微熟，漉出。拆开，擘去壳并胆，刮洗净，控干。下酱清汁内，煮软。擂②胡椒、川椒、红豆、杏仁、砂仁极烂，下锅，滚数沸，入盐、姜、葱二握，调和得所，供。

【译】先将甲鱼剁去头，下锅，加入香料，煮至微熟，捞出。将甲鱼拆开，掰去壳并去除胆，刮净洗净，控干水分。下入酱清汁内，将甲鱼煮软。将胡椒、川椒、红豆、杏仁、砂仁研磨得非常烂，下锅，煮几开后加入盐、姜、两把

① 团鱼：鳖，又称甲鱼。

② 擂：研磨。

葱，将口味调和适度，供食。

假香螺羹

田螺，清水养三日，以鸭子黄撒上令食净①。匀排笼内，放冷水锅上慢火蒸，其肉尽出。去肠靥，以盐、酱、椒末、桔丝、茴香末拌匀。笼内先铺粉皮一个②，撒生粉丝，匀排螺肉，再撒粉丝，再用粉皮盖上，蒸熟。以五辣醋碗内装或用清原汁浇。作羹供亦可。

【译】田螺，用清水养三天，用鸭蛋黄撒在养田螺的器皿中，让田螺把蛋黄吃光。将田螺均匀地码在笼内，放冷水锅上用慢火蒸制，田螺肉就都出来了。去掉肠靥，用盐、酱、椒末、橘丝、茴香末拌匀。在笼内先铺一张粉皮，撒上生的粉丝，将田螺均匀地码好，再撒上粉丝，再用粉皮盖上，上笼蒸熟。装入五辣醋碗内或者浇上清原汁。做成羹供食也可以。

假腹鱼③羹

田螺大者，煮熟，去肠靥，切为片。以虾汁或肉汁、米④熬之。临供，更入姜丝、熟笋为佳。蘑菇汁尤妙。

【译】选取大个的田螺，煮熟，去掉肠，切成片。加

---

① 以鸭子黄撒上令食净：用鸭蛋黄撒在养田螺的器皿中，让田螺把蛋黄吃光。这可以令田螺长得更肥。

② 粉皮一个：粉皮一张。粉皮，多用绿豆粉制成。

③ 腹鱼：鲍鱼。

④ 米：疑为衍字。

入虾汁或肉汁来熬制。临供食的时候，再加入姜丝、熟笋更好。用蘑菇汁熬制更妙。

蒸鲥鱼

去肠，不去鳞。糁江茶，抹去腥①，洗净，切作大段。盪锣②盛。先铺薤叶③或茭叶或笋片，酒、醋共一碗，化盐、酱、花椒少许，放滚汤内炖熟，供。或煎食，勿去鳞，少用油，油④自出矣。

【译】将鲥鱼去肠，用茶叶末揉擦鲥鱼，去掉鱼身上黏液，洗净，切成大段。用盪锣来盛。先铺好薤叶或茭叶或笋片，用酒、醋共一碗将盐溶化，加入少许酱、花椒，放入开水内炖熟后供食。也可以煎食，不去鳞，少放油，油（鲥鱼的鳞片中含油）会自出。

制造决明⑤

洗净，煮软，切去裙襴，片儿薄劈，冷水冰浸之。

【译】将食材洗净，煮软，切去裙边，切成薄片，用冷

① 糁江茶，抹去腥：用茶叶末揉擦鲥鱼，去掉鱼身上黏液。

② 盪（dàng）锣：古代的一种盛器。可用来蒸炖食品。

③ 薤（xiè）叶：中药名。为百合科植物小根蒜或薤的叶。小根蒜分布于除青海、新疆以外的全国各地；薤分布于我国长江流域和南部各地。具有杀虫止痒、温肺定喘之功效。常用于燥湿、杀虫止痒、疥疮、脚气、直行下降、温能祛寒、温肺、止咳定喘。

④ 油：鲥鱼的鳞片中含油。

⑤ 决明：豆科。一年生草本。嫩苗、嫩果可食。其种子称"决明子"。但从本条内容看，似为一种动物原料，或即"鲍鱼"，因为鲍鱼壳称"石决明"，著者漏一"石"字，便成"决明"了。

水冰镇浸泡。

制造虾巨

只用酽醋浸软。脊上揭去泥[①]，洗净，薄劈，干放。

【译】将虾只用浓醋泡软。去掉虾线，洗净，切成薄片，干后收藏。

三色酱

熟面筋一埚[②]，碎切。酱瓜儿二个、糟姜半尺[③]各细切。下油锅，加葱丝炒，熟食。无糟姜，生姜亦可。

【译】将一埚熟面筋切碎。将两个酱瓜儿、半尺糟姜分别细切。将上述食材下入油锅，加葱丝炒制，炒熟后食用。如果没有糟姜，用生姜也可以。

四色荔

用白茄五个切两半，再切半月[④]。又，五个切作两段，上用刀按作棋盘样，再十字切。于油内炸过三分。黄瓜五个，切作两半，再切半月，盐腌片时，去水，姜、醋内拌。生精羊肉四两臊子，盐、酱、姜桔丝各少许，仍用熟油炒熟。同半月茄一处拌，一半与荔枝茄一处拌。荔枝茄内入盐、豉少许，拌匀。又用大萝卜一个切作丝，盐腌，去水，

---

① 脊上揭去泥：似指去掉虾线。

② 埚（guō）：这里指容器。

③ 半尺：何意不详。

④ 半月：半月形。

扭干，酱、醋炒，煸^①拌。松仁半合，研烂，下于肉汤一盏内，酱、醋少拌匀。分作四分，于碟中心，供。用松仁汁少许浇之，同胡饼供。

【译】将五个白茄切成两半，再切成半月形（半月茄）。另取五个白茄切成两段，上面用刀切成棋盘的样子，再切十字（荔枝茄）。在油内炸至三分熟。取五个黄瓜，切成两半，再切成半月形，用盐腌片刻，去掉水，在姜、醋内拌。将四两鲜羊瘦肉切成臊子，加入少许盐、酱、姜丝、橘丝，仍用熟油炒熟。取一半臊子同半月茄一并拌，另一半臊子与荔枝茄一并拌。荔枝茄内加入少许盐、豉拌匀。另将一个大萝卜切成丝，用盐腌，去水，扭干水分，加酱、醋炒，拌匀。取半合松仁，研烂，下入一盏肉汤内，加少许酱、醋拌匀。共分成四份，放在碟子中心，供食。浇上少许松仁汁，同胡饼一并供食。

油肉酿茄

白茄十个去蒂，将茄顶切开，剜去瓤。更用茄三个切破，与空茄一处笼内蒸熟取出。将空茄油内炸得明黄，漉出。破茄三个研作泥。用精羊肉五两（切臊子），松仁用五十个（切破），盐、酱、生姜各一两，葱、桔丝打拌，葱醋浸。用油二两，将料物、肉一处炒熟，再将茄泥一处拌

---

① 煸：何意不详。

匀，调和味全，装于空茄内，供蒜酪①食之。

【译】将十个白茄去掉蒂，从茄顶切开，剜去茄瓤（空茄）。另将三个茄破开（破茄），同空茄一并入笼内蒸熟后取出。将空茄放入油锅内炸至明黄，捞出。将三个破茄研成泥。将五两羊瘦肉（切成臊子），五十个松仁（切破），盐、酱、生姜各一两，葱、橘丝搅拌，用葱醋浸泡。取二两油，将调料、肉放在一起炒熟，再同茄泥一起拌匀，调和好口味，装入空茄内，配上蒜泥食用。

油肉豉茄

白茄十个去蒂，切作两半钱厚，半月切。油炸得黄色漉出。用精羊肉四两切碎，油二两将肉炒熟。用生姜一两、陈皮三片，各切作丝碎。葱二握，盐、酱各一两，醋少许，将物料、茄、肉同拌过。加蒜酪食尤佳。

【译】将十个白茄去掉蒂，切成两半、铜钱一样厚，再切成半月形。将茄用油炸至黄色后捞出。将四两羊瘦肉切碎，用二两油将肉炒熟。将一两生姜、三片陈皮分别切成细丝。取两小把葱、一两盐、一两酱、少许醋，将调料、茄、肉一同拌过。配上蒜泥食用非常好。

---

① 蒜酪：蒜泥。

回回食品

设克儿疋剌[1]

胡桃肉温水退皮，二斤，净，控干，下擂盆捣碎。入熟蜜一斤。曲吕车烧饼揉碎，一斤。三件拌匀，搭作小团块。用曲吕车烧饼剂包馅，捏作"糁孛撒[2]"样。入炉贴熟[3]为度。

【译】取两斤胡桃肉温水退皮，洗净，控干水分，在擂盆内捣碎。加入一斤熟蜜。取一斤曲吕车烧饼并揉碎。将以上三种原料拌匀，制成小团块。用曲吕车烧饼剂来包馅，捏成"糁孛撒"的样子。贴在烤炉壁上烤熟为止。

卷煎饼[4]

摊薄煎饼。以胡桃仁、松仁、桃仁、榛仁、嫩莲肉、干柿、熟藕、银杏、熟栗、芭榄仁。以上除栗黄[5]片切外，皆细切，用蜜、糖霜和，加碎羊肉、姜末、盐、葱调和作馅，卷入煎饼，油炸焦[6]。

---

① 设克儿疋（pǐ）剌：少数民族词语的音译，何意不详。看正文内容，这是一种用桃仁、蜜、饼屑制成的炉饼。

② 糁孛撒：似为一种食品。

③ 贴熟：贴在烤炉壁上烤熟。

④ 卷煎饼：这道点心即元代的"青卷"。

⑤ 栗黄：栗子果。呈黄色，故称。

⑥ 炸焦：油炸成焦黄色。并非完全炸焦。

【译】先摊好薄煎饼。选取胡桃仁、松仁、桃仁、榛仁、嫩莲肉、干柿、熟藕、银杏、熟栗、芭榄仁。以上物料除熟栗子果切片外，其他都切碎，用蜜、糖霜调和，加入碎羊肉、姜末、盐、葱调和成馅，卷入煎饼，油炸成焦黄色即可。

糕糜

羊头煮极烂，提去骨。原汁内下回回豆[①]，候软，下糯米粉，成稠糕糜。下酥、松仁、胡桃仁，和匀，供。

【译】将羊头煮至非常烂，去掉骨头。在煮羊头的原汁内下入胡豆，等豆软后再下入糯米粉，搅成很稠的糕糜。下入油酥、松仁、胡桃仁，调和均匀后供食。

酸汤

乌梅不拘多少，糖、醋熬烂，去滓、核。再入砂锅，下蜜，尝酸甜得所，下擂烂松仁、胡桃、酪熬之。胡桃见乌梅、醋必黑。此汁须用肉汁再调味。同煮烂羊肋寸骨、肉弹[②]、回回豆，供。

【译】选取乌梅不限制数量多少，加入糖、醋熬烂，去掉渣滓、核。再下入砂锅，下入蜜，尝尝酸甜适度，下入捣烂的松仁、胡桃、酪熬制。胡桃遇到乌梅、醋颜色必黑。这种汁一定要用肉汁再调味。下入煮烂的寸段的羊肋骨、肉

---

① 回回豆：又名"胡豆""回鹘豆""鸡豆"等。为耳科植物鹰嘴豆的种子，其味甘，无毒。古人常用作调料。

② 肉弹：肉丸。

九、胡豆后供食。

秃秃麻失[①]

如水滑面[②]和圆小弹剂，冷水浸，手掌按作小薄饼儿，下锅煮熟，捞出过汁，煎炒酸肉，任意食之。

【译】制成像水滑面和圆的小球面剂，用冷水浸泡，用手掌按成小薄饼儿，下锅内煮熟，捞出过滤去汁，配上煎炒好的酸肉，随意食用。

八耳塔

水一大碗，烧滚。下蜜半斤，去沫。用豆粉六两调糊，下锅。觑稀稠添水。熟用盘子（香油抹底）盛，浇酥油。刀裁食。

【译】将一大碗水下锅烧开。下入半斤蜜，去掉浮沫。用六两豆粉调糊，下锅。观察稠稀是否需添水。熟后用盘子（香油涂抹盘底）盛，浇上酥油。用刀削着吃。

哈尔尾

干面炒熟，罗过。再炒，下蜜，少加水搅成。按片，刀裁。

【译】将干面炒熟，用罗筛过。再炒，下入蜜，少加水搅拌均匀。用手掌按成片，用刀削着吃。

---

① 秃秃麻失：又名"秃秃么思""子撒面""手撒面"等。

② 水滑面：一种面条。指将揉按数百次的面剂入凉水中浸泡两个多时辰，然后再制成的面条。请参阅本书第209页"湿面食品"中的"水滑面"条。

古剌赤

鸡清①、豆粉、酪②搅匀，摊煎饼。一层白糖末、松仁、胡桃仁，一层饼。如此三四层。上用回回油③调蜜，浇食之。

【译】将鸡蛋清、豆粉、乳酪搅拌均匀，摊成煎饼。一层白糖末、松仁、胡桃仁，一层煎饼。像这样三四层。用胡豆油调蜜浇在上面后食用。

海螺厮

鸡卵④二十个，打破，搅匀。以羊肉二斤细切，入细料物半两，碎葱十茎，香油炒作臊子。搅入鸡卵汁令匀。用醋一盏、酒半盏、豆粉二两调糊，同鸡子汁、臊肉再搅匀，倾入酒瓶内，箬扎口。入滚汤内煮熟。伺冷，打破瓶，切片，酥蜜浇食。

【译】将二十个鸡蛋打破，搅拌均匀成鸡蛋液。将二斤羊肉细切，加入半两香料末、十根碎葱，用香油炒成臊子。搅入鸡蛋液并拌匀。加入一盏醋、半盏酒、二两豆粉调成糊，同鸡蛋液、臊子肉再搅匀并倒入酒瓶内，用箬叶扎住瓶口。将装好食材的酒瓶放入开水内煮熟。等晾凉后将瓶打破，取出食材切成片，浇上酥蜜食用。

---

① 鸡清：鸡蛋清。

② 酪：乳酪。

③ 回回油：胡豆制的油。

④ 鸡卵：鸡蛋。

即你疋牙

豆粉和面为稠糊，于滚油内浇下，炸如软食之类。或去豆粉，止用面、蜜、饧花、冷水调糊，炸。

【译】将豆粉、面调成稠糊，浇入滚油内，炸成像软食一样。或者不用豆粉，只用面、蜜、饧花和冷水调成稠糊后炸制。

哈里撒

小麦一碗捣去皮。牛肉四五斤或羊肉，切窗，同煮极糜烂。入碗摊开，浇羊尾油或羊头油。同"黄烧饼"供。加松仁尤妙。

【译】将一碗小麦捣去皮。将四五斤牛肉或羊肉切成小块，一同煮至非常糜烂。装入碗中并摊开，浇上羊尾油或羊头油。同"黄烧饼"一同供食。加些松仁更好。

河西肺①

连心羊肺一具，浸净。以豆粉四两，肉汁破开②。面四两，韭汁破开。蜜三两，酥半斤，松仁、胡桃仁去皮净十两，擂细，滤去滓，和搅匀。灌肺满足，下锅煮熟。大单盘盛，托至筵前，刀割碟内。先浇灌肺剩余汁，入麻泥煮

---

① 河西肺：元代西夏食品。河西，当时指西夏。

② 肉汁破开：用肉汁将豆粉调和匀。

熟①。作受赐②。

【译】将一副连心的羊肺浸泡并洗净。取四两豆粉，用肉汁调和匀。取四两面，用韭菜汁调和匀。将三两蜜、半斤酥及十两松仁、胡桃仁（去皮洗净，研磨细，滤去渣滓）一同搅匀。将羊肺灌满，下入锅中煮熟。用大单盘来盛，托到宴席前，用刀割入碟内。在切割好的肺片上要浇上由灌肺多余下的汁和芝麻泥混合煮熟的卤汁。可以作为馈赠之用。

----

① 先浇灌肺剩余汁，入麻泥煮熟：指在切割好的肺片上要浇上由灌肺多余下的汁和芝麻泥混合煮熟的卤汁。

② 作受赐：疑指可以作为馈赠之用。

女直^①食品

厮刺葵菜冷羹^②

葵菜去皮，嫩心带梢叶长三四寸，煮七分熟，再下葵叶。候熟，凉水浸，拨拣茎、叶另放。如簇春盘样，心、叶四面相对放^③。间装鸡肉、皮丝、姜丝、黄瓜丝、笋丝、莴笋丝、蘑菇丝、鸭饼丝，羊肉、舌、腰子、肚儿、头蹄、肉皮皆可为丝。用肉汁，淋蓼子汁^④，加五味，浇之。

【译】将葵菜去皮，取嫩心尖带三四寸长的叶，煮七成熟，再下入葵叶。等熟后，用凉水浸泡，摘下茎、叶另放。像堆春盘一样，将葵菜心、葵菜叶要两两相对，堆放在盘子的四边。中间码上鸡肉、皮丝、姜丝、黄瓜丝、笋丝、莴笋丝、蘑菇丝、鸭饼丝，及羊肉、舌、腰子、肚儿、头蹄、肉皮都可以切成丝。取肉汁，淋入蓼子汁，加入五味调料，将调好的汁浇在菜上。

蒸羊眉突

羊一口。燖净^⑤，去头、蹄、肠、肚等，打作事件。用

---

① 女直：女真族。

② 厮刺葵菜冷羹：这道菜实际是一种以葵菜心、叶为主，加有多种配料的荤素冷盘。

③ 心、叶四面相对放：葵菜心、葵菜叶要两两相对，堆放在盘子的四边（中间再堆其他原料）。

④ 蓼子汁："蓼实"之汁。蓼实，为蓼科植物水蓼的果实，又称"水蓼子"。味辛，温。

⑤ 燖（xún）净：去毛使干净。燖，用火烧。

地椒、细料物、酒、醋调匀，浇肉上，浸一时许。入空锅内，柴棒架起，盘合泥封。发火，不得太紧。候熟，碗内另供原汁。

【译】将一只羊去毛整治干净，去掉头、蹄、内脏等，剁成块。用地椒、调料末、酒、醋调匀，浇在肉上，浸泡两小时左右。下入空锅内，用柴棒将羊肉架起，用盘子将锅盖上，盘与锅口之间的缝隙用泥封好。烧火，但火不能太大。等羊肉熟后就可以供食了，碗内装入锅内的原汁一并配上。

塔不剌鸭子

大者一只，捋净，去肠、肚。以榆仁酱，肉汁调。先炒葱油，倾汁下锅，小椒数粒。后下鸭子，慢火煮熟。拆开，另盛汤供。鹅、鸭、鸡同此制造。

【译】选取一只大个的鸭子，整治干净，去掉肠、肚。将榆仁酱用肉汁调匀。先炒葱油，调好的汁下入锅中，下入数粒小花椒。再下鸭子，用慢火将鸭子煮熟。鸭子拆开供食，另盛鸭汤配上。鹅、鸭、鸡也可以按照这种方法制作。

野鸡撒孙

煮熟，用蒲上肉①，剁烂。用蓼叶数片，细切，豆酱研，扭汁，芥末入盐，调滋味得所。拌肉，碟内供。鹌鹑制造同。

---

① 蒲上肉：脯子肉。

【译】将野鸡煮熟，取脯子肉，剁烂。取数片蓼叶切碎，豆酱研开，扭取汁，加入芥末、盐，调好口味。用调好的汁将肉拌匀，装入碟中供食。鹌鹑也可以按照这种方法制作。

柿糕

糯米一斗，大干柿五十个，同捣为粉。加干煮枣泥拌捣。马尾罗罗过①，上甑蒸熟。入松仁、胡桃仁，再杵②成团。蜜浇食。

【译】取一斗糯米、五十个大干柿，一同捣为粉。加入干的煮枣泥搅拌。用马尾毛编成的细筛罗筛过，上甑蒸熟。加入松仁、胡桃仁，再捣成团。浇上蜜食用。

高丽栗糕

栗子不拘多少，阴干，去壳，捣为粉。三分之二加糯米粉拌匀③，蜜水拌润，蒸熟，食之。

【译】栗子不限制数量多少，阴干，去壳，捣成粉。栗子粉和糯米粉用量之比为2∶1，并把二者拌和均匀，加入蜜水拌湿润，蒸熟后就可以食用了。

---

① 马尾罗罗过：用马尾毛编成的细筛罗筛过。

② 杵：捣的意思。

③ 三分之二加糯米粉拌匀：指栗子粉和糯米粉用量之比为2∶1，并把二者拌和均匀。

湿面食品

水滑面

用头面^①，春、夏、秋用新汲水入油、盐，先搅作拌面羹样，渐渐入水，和溲成剂。用手拆开作小块子。再用油水洒和，以拳揉一二百拳。如此三四次，微软如饼剂。就案上，用一拗棒捈百余拗。如无拗棒，只多揉数百拳。至面性行，方可搓为面指头。入新凉水内浸两时许。伺面性行，方下锅。阔细任意做^②。冬月用温水浸。

【译】取头罗细面，春、夏、秋季用新打上来的水加入油、盐（油水），先将面搅成拌面羹一样，慢慢加水，和成面剂。用手将面剂拆开成小块子。再洒入油水，用拳头揉一两百拳。这样做三四次，使面微软像饼剂一样。放在案上，用一拗棒捈一百余拗。如果没有拗棒，就用拳头多揉数百拳。观察面性可以了，才可以将面搓成手指头一样粗细。再下入新凉水内浸泡三四个小时。观察面性可以了，才可以下锅。可以随意做成宽面片或细面条。冬天的时候要用温水浸泡。

---

① 头面：头罗细面。

② 阔细任意做：可以随意做成宽面片或细面条。

索面

与"水滑面"同。只加油。倍用油,搓如粗箸^①细,要一样长短粗细。用油纸盖,勿令皴^②。停两时许,上筯杆缠展细,晒干为度。或不用油搓,加米粉粨^③搓,展细,再入粉,扭展三五次,至于圆长停细^④。拣不匀者,撮在一处,再搓展。候干,下锅煮。

【译】与"水滑面"相同。只加油。要加倍用油,搓成像粗的筷子一样,要一样长短粗细。用油纸覆盖,不要让它皴了。放三四个小时,用筷子杆缠并抻细,晒干为止。或者不用油搓,加入米粉粨来搓,抻细,再加米粉,抻三五次,直到将面抻得又圆又长又匀又细。还要挑出不匀的,撮在一起,再搓再抻。等面干了以后,即可下锅煮。

经带面

头白面二斤、碱一两、盐二两研细。新汲水破开^⑤,和溲,比擀面剂微软。以拗棒拗百余下。停^⑥一时许,再拗百余下。擀至极薄,切如经带样。滚汤下。候熟,入凉水。泼

---

① 箸(zhù):筷子。

② 皴(cūn):干裂。

③ 米粉粨(bó):用米粉做粨面用。粨面,防止面团粘在一起而用的生面。

④ 停细:匀而细。

⑤ 新汲水破开:用刚打的水将碱、盐融化开。

⑥ 停:停放。这里指醒面。

汁①任意。

【译】取两斤头罗细白面、一两碱、二两研细的盐。用刚打的水将碱、盐融化开，用来和面，要和得比擀面剂稍软。用拗棒拗个一百多下。醒两小时左右，再拗个一百多下。将面擀至非常薄，切成像经带的样子。下入开水中煮。等煮熟后，下入凉水过凉。泼任意卤汁食用。

托掌面

头白面，凉水入盐、碱，和成剂。停一时，再溲和。至面性行，搓成弹子。米粉为粹，以骨榾槌②碾如盏口大，以薄为妙。煮熟，入冷肉汁浸。拨换汁，加黄瓜丝、鸡丝、蒜酪食。

【译】取头罗细白面，用凉水化开盐、碱，并将面和成面剂。醒两个小时，再和面。直到面性可以了，便搓成丸子大。用米粉作粹面，用擀面杖擀成像盏口一样大，擀得越薄越好。将面煮熟，下入凉的肉汁中浸泡。换卤汁，加黄瓜丝、鸡丝、蒜酪来食用。

红丝面

鲜虾二斤，净洗，擂烂。用川椒三十粒、盐一两、水五升一处煮熟。拣去椒，滤汁澄清。入白面三斤二两、豆粉一斤，溲和成剂。布盖一时许，再搜擀开。用米粉为粹，阔薄

---

① 拨汁：泼卤汁。拨为"泼"之误。

② 骨榾槌：又写作"骨鲁槌"，疑即今之擀面杖。

任意切。煮熟，其面自然红色。汁任意。只不犯猪肉，恐动风气。

【译】取两斤鲜虾，洗净，擂烂。将三十粒川椒、一两盐、五升水一同煮熟。拣去川椒，将滤汁澄清。加入三斤二两白面、一斤豆粉，和成面剂。用布覆盖两小时左右，再将面擀开。用米粉作桲面，宽、薄任意切。将切好的面煮熟，面自然是红色。卤汁任意选。只是不要沾猪肉，恐怕动风气。

翠缕面

采槐叶嫩者，研自然汁。依常法溲和。擀切极细，滚汤下。候熟，过水供①。汁荤、素任意②。加蘑菇尤妙。味甘色翠。

【译】采摘嫩的槐叶，研成自然汁。按照通常的方法和面。擀后切得非常细，下入开水中。等面煮熟，过水后供食。卤汁荤、素可以随意使用。加些蘑菇更好。面的味道甘甜颜色翠绿。

米心棋子③

头面，以凉水入盐，和成剂。棒拗过，擀至薄，切作细棋子。以密筛④隔过⑤。再用刀切千百次，再隔过。粗者

---

① 过水供：将煮熟的面条过水后供食。

② 汁荤、素任意：卤汁荤、素可以随意使用。

③ 棋子：元代常将面做成棋子形。

④ 密筛：孔密的筛子。

⑤ 隔过：通过筛子筛将棋子面与面粉隔开。这里译成筛过。

再切，细者有粗末却颠去。如下汤煮熟，连汤起，入凉水盆内搅转，捞起，控干。麻汁加碎肉、糟姜末、酱瓜末、黄瓜末、香菜等。

【译】取头罗细面，用凉水化开盐，将面和成剂。用拗棒拗过，擀成薄片，切成细的棋子状。用孔密的筛子筛过。再用刀切几次，再筛过。挑出粗的面再切一下，细的面如有粗末再颠去。将面下入水中煮熟，连面带汤一同倒入凉水盆内搅动，将面捞起，控干水分。用麻汁加入碎肉、糟姜末、酱瓜末、黄瓜末、香菜等拌食。

山药拨鱼①

白面一斤、豆粉四两，水搅如稠煎饼面。入擂烂熟山药，同面一处搅匀。用匙拨入滚汤。候熟，臊子汁食之②。

【译】取一斤白面、四两豆粉，用水搅拌成稠的做煎饼的面糊。加入捣烂的熟山药，同面一并搅匀。用匙拨入开水中。煮熟后浇上臊子肉汁食用。

山药面

擂烂生山药，于煎盘内用少油摊作煎饼。摊至第二个后不用油。逐旋煿之。细切如面。荤素汁任意供食之。

【译】将生山药捣烂，在煎盘内加少许油摊成煎饼。摊至第二个后就不加油了。慢慢煎。煎好后切成面条。任意搭

---

① 拨鱼：面食品。因用汤匙将面糊拨入开水中煮熟，形状似鱼，故名。

② 臊子汁食之：在山药拨鱼上浇上臊子肉汁，然后食用。

配荤或素的卤汁供食。

山芋①馎饦②

煮熟山芋，去皮，擂烂，细布扭去滓，和面。豆粉为糁，擀开，阔细任意。初煮二十沸，如炼至百沸，软滑③。汁任意。

【译】将煮熟的红薯去皮、捣烂，用细布扭去渣滓，和面。用豆粉作为糁面，擀开，粗细随意。开始只煮二十开，如果煮一百开，馎饦既软又滑。卤汁随意配。

玲珑拨鱼

白面一斤，调和如稠糊。以肥牛肉或羊肉半斤，碎切如豆，入糊搅匀，用匙拨入滚汤。面见汤开④，肉见汤缩。候熟，面浮肉沉，如玲珑状。下盐、酱、椒、醋调和，食之，极有味。

【译】将一斤白面调和成稠糊状。用半斤肥牛肉或羊肉，细切成像豆一样，下入面糊搅匀，用匙拨入开水中。面遇开水会膨胀，肉遇热水会收缩。面熟后，面膨胀后漂浮，肉丁收缩后下沉，像玲珑一样的形状。下入盐、酱、椒、醋调和口味，吃起来非常有味道。

---

① 山芋：红薯。

② 馎（bó）饦（tuō）：食品名。以面或其他原料制成。形状不一，可做成面片、宽面条、细面条等。

③ 软滑：指百沸后的"山芋馎饦"既软又滑。

④ 开：胀开、膨胀的意思。

玲珑馎饦

冷水和面，羊肾生脂锉碎，入面，同溲拌匀。擀切作阔面，下锅煮。自然漏尘矣[①]。

【译】用冷水和面，将羊肾、生脂切碎，加入面，一同调和拌匀。擀后切成宽面片，下锅煮熟即可。

勾面

萝卜一斤，切碎，煮三两沸。入韶粉一匙头，勾糁于上，搅匀。煮至烂,漉出。擂，布扭去滓。和面一斤，擀开。阔薄任意。

【译】将一斤萝卜切碎，下锅煮两三开。下入一匙头韶粉，撒在上面，搅匀。煮至烂熟，捞出。捣烂，用布扭去渣滓。和好一斤面，擀开。面宽、薄随意。

馄饨面

白面一斤，用盐半两，凉水和，如落索[②]状。频入水，溲和如饼剂。停一时再溲。撅[③]为小剂。豆粉为糁，骨鲁槌擀圆，边微薄，入馅[④]，蘸水合缝。下锅时，将汤

---

① 自然漏尘矣：此句疑有误。参阅"玲珑拨鱼"，本句应指馎饦中的羊脂溶化，或成空洞，或呈透明欲化的脂油粒，也就"玲珑剔透"了。《多能鄙事》"玲珑馎饦"此句为"自然漏明"。

② 落索：联绵词。小颗粒状。

③ 撅（juē）：揪，折断之意。

④ 入馅：包入馅料。

搅转，逐个下，频洒水，火长要鱼津滚①。候熟供。馅子②荤、素任意。

【译】每一斤白面加入半两盐，用凉水和面，像小颗粒一样。不断地加水，将面和成饼剂。醒两小时再和。揪成小面剂。用豆粉作粹，将小面剂用骨鲁槌擀圆，边缘微薄，包入馅料，蘸水封闭缝隙。下锅时，搅动锅中的开水，逐个下入馄饨，不断地洒水，火要一直保持烧得锅中的水泛小泡泡。煮熟后供食。馅料荤、素随意。

---

① 火长要鱼津滚：火要一直保持烧得锅中的水泛小泡泡。鱼津，像鱼吐唾沫一样，泛指小气泡。

② 馅子：馅料。

干面食品

平坐大馒头①

每十份：用白面二斤半。先以酵一盏许，于面内刨一小窠②，倾入酵汁，就和③一块软面，干面覆之，放温暖处。伺泛起④，将四边干面加温汤和就，再覆之。又伺泛起，再添干面温水和。冬用热汤和就。不须多揉。再放片时，揉成剂则已。若揉搤⑤，则不肥泛。其剂放软，擀作皮，包馅子。排在无风处，以袱⑥盖。伺面性来，然后入笼床上，蒸熟为度。

【译】每十份：两斤半白面。先取一盏左右的酵，在面内刨一个小坑，倒入酵汁，和好一块软面，用干面覆盖，放暖和的地方。观察面发起后，将四边的干面加热水和好，再用干面覆盖。又观察面发酵胀发后，再添些干面用温水和好。冬季要用热水和面。不需要多揉。再放一会儿，揉成剂就可以了。如果揉搤，面就不会醒发得很大。将面剂放软后，擀成皮，包入馅料。放在没有风的地方，用布单来覆盖

---

① 馒头：本来有馅。后来北方称没馅的叫馒头，有馅的称为包子。

② 窠：这里是坑的意思。

③ 就和：和就。和，成功之意。

④ 泛起：指面发酵胀发开。

⑤ 搤：何意不详。

⑥ 袱：包裹或覆盖东西用的布单。

好。等面性可以了，将包子放入笼屉内，蒸熟为止。

打拌馅

每十份：用羊肉二斤半，薄切，入滚汤略焯过，缕切。脊脂半斤、生姜四两、陈皮二钱，细切，盐一合，葱四十茎细切，香油炒，煮熟杏仁五十个、松仁二握剁碎。右拌匀。包大者，每份供二只；小者，每份供四只①。

【译】每十份：两斤半羊肉，薄薄地切片，下入开水中稍微焯一下，切碎。将半斤羊脊脂、四两生姜、两钱陈皮切碎，同一合盐、切碎的四十根葱用香油炒过，五十个煮熟杏仁、两把剁碎的松仁。将以上原料拌匀成馅料。馅料按十份计算，大的每份两只，可包二十只；小的每份供四只，可包四十只。

猪肉馅

每斤缕切，入羊脂四两骰块切，桔皮一个碎切、杏仁十粒、椒末一钱、酱末半钱、葱十茎细切、香油二两、酱一两，擂。先将油炼熟，下葱、酱炒，另入醋二合，调面一匙作芡，倾锅内同炒熟，与生馅调和得所。依上包②。

【译】将每斤猪肉切碎，加入四两切成色子块的羊脂、一个碎切的橘皮、十粒杏仁、一钱花椒末、半钱酱末、十根

---

① 包大者，每份供二只；小者，每份供四只：这里的馅料是以十份计算的，而大的每份两只，可包二十只；小的每份供四只，可包四十只。

② 依上包：依上一条所说的方法包。即"包大者，每份供二只；小者，每份供四只"。

切碎的葱、二两香油、一两酱，捣匀。先将油炼熟，下入葱、酱炒制，另加入二合醋，调一匙面作芡，倒入锅内一同炒熟，与生馅调和好。依上一条所说的方法包。

熟细馅

去皮熟猪油缕切细、熟笋缕切细，加川椒末，物料同前制①，打拌②滋味得所，搦③作小团包。

【译】取切碎、去皮的熟猪油、切碎的熟笋，加入川椒末，所用的各种调料同前一条的用量和预制方法。搅拌并调好口味，捏成小包子。

羊肚馅

羊软肚三个、软肺一个、羊舌熟五个乘热缕切，精生羊肉半斤、脂四两缕切，用葱十五茎，醋三合，生姜四两，陈皮二片，椒、茴香各一钱。炼熟油打炒葱，入面芡、盐少许，打拌滋味得所，作馅用。

平坐小馒头（生馅），捻尖馒头（生馅），卧馒头（生馅。春前供），捺花馅头（熟馅），寿带龟（熟馅。寿筵供），龟莲馒头（同上），春茧④（熟馅。春前供），荷花馒头（熟馅。夏供），葵花馒头（喜筵。夏供），毡漏馒头（卧馒头口用脱子印）。

① 物料同前制：所用的各种调料同前一条的用量和预制方法。

② 打拌：搅拌。

③ 搦（nuò）：按、握。这里含有"捏"的意思。

④ 春茧：一种面点，呈"茧"字形。

【译】将三个羊软肚、一个软肺、五个熟羊舌趁热切碎，将半斤生的羊瘦肉、四两羊脂切碎，调料有十五根葱、三合醋、四两生姜、两片陈皮、一钱花椒、一钱茴香。取炼好的熟油炒葱，加入少许面芡、盐，搅拌并调好口味，做馅料用。

平坐小馒头（用生馅），捻尖馒头（用生馅），卧馒头（用生馅。立春前供食），捺花馅头（用熟馅），寿带龟（用熟馅。寿筵时供食），龟莲馒头（同上），春茧（用熟馅。立春前供食），荷花馒头（用熟馅。立夏时供食），葵花馒头（用于喜筵。立夏时供食），毯漏馒头（在卧馒头口用模子拓印）。

薄馒头、水晶角儿、包子等皮

皆用白面斤半，滚汤逐旋糁下面①，不住手搅作稠糊。挑作一二十块，于冷水内浸至雪白，取在案上，摊去水，以细豆粉十三两和溲作剂。再以豆粉作籹，打作皮，包馅，上笼紧火蒸熟。洒两次水方可下灶。临供时，再洒些水便供。馅与馒头生馅同。

【译】做薄馒头、水晶角儿、包子等面皮都要用一斤半的白面，将开水慢慢倒入面粉里，手不停地搅拌成稠糊。挑成一二十块，放在冷水内浸泡至雪白，取出放在案板上，摊开去水，用十三两细豆粉调和做成面剂。再用豆粉作籹面，

---

① 滚汤逐旋糁下面：开水慢慢倒入面里。

做成面皮，包馅，上笼用大火蒸熟。要洒两次水后才可以下灶。临供食的时候，再洒些水就可以供食了。馅料与做馒头用的生馅一样。

鱼包子

每十份：鲤、鳜皆可。净鱼五斤柳叶切①，羊脂十两骰块切，猪膘八两柳叶切，盐、酱各二两，桔皮两个细切，葱丝十五茎，香油炒葱熟，姜丝一两，川椒末半两，细料物一两，胡椒半两，杏仁三十粒研细，醋一合，面芡同②。

【译】每做十份鱼包子：鲤鱼、鳜鱼都可以做馅。切成柳叶片的五斤净鱼，切成色子块的十两羊脂，切成柳叶片的八两猪膘，盐、酱各二两，两个切碎的橘皮，十五根用香油炒熟的葱丝，一两姜丝，半两川椒末，一两调料末，半两胡椒，三十粒研细的杏仁，一合醋，面芡和制一般馅心相同。

鹅兜子③

野鸭、野鸡皆可④。每十只⑤：用熟鹅净肉半斤缕切，猪膘一两缕切，羊脂二两骰块切，葱、姜、桔丝共一两，

---

① 柳叶切：切成柳叶片。

② 面芡同：面芡和制一般馅心相同。本条至此结束。主要介绍了鱼包子馅心的制法。

③ 鹅兜子：本条介绍了鹅兜子馅心的制法。关于"兜子"的制法，可参阅后面"蟹黄兜子"条。

④ 野鸭、野鸡皆可：野鸭、野鸡都可以制作兜子。即以野鸭、野鸡命名的兜子。

⑤ 每十只：每做十只兜子。

川椒、杏仁、细料物少许，盐、酱各二钱，酒、醋一合，面芡同。

【译】野鸭、野鸡都可以制作兜子。每做十只兜子：半斤切碎的熟鹅净肉，一两切碎的猪膘，二两切成色子块的羊脂，葱、姜、橘丝共一两，川椒、杏仁、细料物各少许，盐、酱各两钱，酒、醋一合，面芡和制一般馅心相同。

杂馅兜子

每十只：熟羊肺二两、熟羊肚五两、熟白肠二两，乘热缕切，羊脂一两骰块切，猪膘二两缕切，香油炒葱丝一两，细料物二钱，杏仁、川椒各少许，盐、酱四钱，酒半合，醋一合，姜、桔丝少许，面芡同。

【译】每做十只兜子：二两熟羊肺、五两熟羊肚、二两熟白肠，趁热切碎，一两切成色子块的羊脂，二两切碎的猪膘，一两香油炒过的葱丝，两钱调料末，杏仁、川椒各少许，四钱盐、酱，半合酒，一合醋，姜、橘丝少许，面芡和制一般馅心相同。

蟹黄兜子

熟蟹大者三十只，斫开①，取净肉。生猪肉斤半，细切。香油炒碎鸭卵五个。用细料末一两，川椒、胡椒共半两擂，姜、桔丝少许，香油炒碎葱十五茎，面酱二两，盐一两，面芡同，打拌匀。尝味咸淡，再添盐。每粉皮一

① 斫（zhuō）开：劈开。

个，切作四片，每盏^①先铺一片，放馅，折掩盖定^②，笼内蒸熟供。

【译】选取三十只个头大的熟蟹，劈开，取净肉。一斤半生猪肉，切碎。五个香油炒碎鸭蛋。一两调料末，川椒、胡椒共半两捣碎，姜、橘丝少许，十五根用香油炒的碎葱，二两面酱，一两盐，面芡和制一般馅心相同，将上述原料调在一起，搅拌均匀。尝尝味道咸淡，如果味道淡就再加些盐。每一个粉皮，切成四片，每个小杯子上先铺一片粉皮，放入馅料，将粉皮折好捏好，上笼蒸熟供食。

荷莲兜子

羊肉二斤（焯去血水，细切）、粳米饭半斤、香油二两、炒葱一握（肉汤三盏调三两作丝^③）、桔皮一斤（细切）、姜末一两、椒末少许。已上一处拌匀。每粉皮一个，切作四片。每盏内先铺片，装新莲肉（去心）、鸡头肉^④、松仁、胡桃仁、杨梅仁、乳饼、蘑菇、木耳、鸭饼子，却放肉馅，掩折定，蒸熟。匙翻在碟内供^⑤。用浓麻泥汁和酪浇之。

【译】两斤羊肉（焯去血水，切碎）、半斤粳米饭、

① 盏：小杯子。

② 折掩盖定：将兜子皮折好捏好。

③ 肉汤三盏调三两作丝：用三盏肉汤调三两葱丝。作丝，指葱要先切成丝。

④ 鸡头肉：芡实。又名"鸡头米"等。

⑤ 匙翻在碟内供：用汤匙将荷莲兜子翻在碟中供食。

二两香油、一把炒葱（用三盏肉汤调三两葱丝）、一斤橘皮（切碎）、一两姜末、少许花椒末。以上原料放在一起拌匀成肉馅。每一个粉皮，切成四片，每个小杯子上先铺一片粉皮，放入适量的新鲜莲肉（去心）、芡实、松仁、胡桃仁、杨梅仁、乳饼、蘑菇、木耳、鸭饼子，再放肉馅，将粉皮折好捏好，上笼蒸熟。用汤匙将荷莲兜子翻在碟中供食。浇上芝麻糊和乳酪。

水晶馉骡①

精羊肉半斤，妳肪、羊肚、羊尾子、膘、竹笋、决明各四两，羊舌五个，煮熟缕切。桔丝半两、姜丝二两、香油二两、炒葱丝五茎，面酱半两研，盐斟酌用，姜末半两，调粉芡四两，打拌匀②。粉皮熟油抹过，切作四片，盏盛，装馅，蒸熟。匙翻碟内，浇好汤供。

【译】每半斤羊瘦肉加入羊乳肪、羊肚、羊尾子、羊膘、竹笋、决明各四两，五个羊舌，以上原料均煮熟切碎。半两橘丝、二两姜丝、二两香油、五根炒过的葱丝，半两研磨好的面酱，适量的盐，半两姜末，调四两粉芡，将上述原料、调料一起搅拌均匀。将粉皮用熟油抹过，切成四片，放入小杯子上，装入馅料，上笼蒸熟。用汤匙将水晶馉骡翻在碟中供食，浇上好汤供食。

---

① 馉（shì）骡（luó）：古代食品。和兜子相似。

② 调粉芡四两，打拌匀：调四两粉芡，将上述原料、调料一起搅拌均匀。

从食品

白熟饼子

头面三斤。内一斤作酵面，一斤作汤面，一斤饧、蜜、水和。三件面一处和匀，揉一二百拳，再放暖处，停一时许。伺面性行，暄泛^①，再揉一二百拳。逐旋取面作剂，用骨鲁槌擀开，入红炉煿^②熟，鏊^③上亦可。擀饼入蜜少许不脆硬。

【译】取三斤头罗细面。其中一斤做酵面，一斤做汤面，一斤与饧、蜜、水调和。再将三斤面放在一起和匀，揉一两百拳，再放在温暖的地方，醒两小时左右。观察面性可以了，发酵后且很松软，再揉一两百拳。逐个取面做成面剂，用骨鲁槌擀开，放入炉中烤熟，也可以在鏊上烤熟。擀饼时加入少许蜜口感会不脆硬。

山药胡饼

熟山药二斤、面一斤、蜜半两、油半两，和溲擀饼。

【译】将两斤熟山药、一斤面、半两蜜、半两油，和面并擀成饼。

---

① 暄泛：指面发酵后很松软。暄，松散柔软。

② 煿（bó）：煎炒或烤干食物。

③ 鏊（ào）：一种铁质的烙饼的炊具，平面圆形，中间稍凸。

烧饼

每面一斤，入油半两、炒盐一钱，冷水和溲，骨鲁槌砑开①。鏊上煿得硬②，煻火内烧熟极脆美③。

【译】每用一斤面加入半两油、一钱炒盐，用凉水和面，用骨鲁槌碾压开，放在鏊上烙的烧饼较硬，放在热灰中烤熟的烧饼极其脆美。

肉油饼

白面一斤，熟油二两半、猪羊脂各二两剁碎，酒一盏，与面同和。如硬，入羊骨髓。分作十剂，擀开，包馅。用托子④印花样，入炉煿熟。筵席上，大者⑤每份供二个，小者供四个。馅与馒头生馅同。或者供素食，蜜穰⑥馅、枣穰亦可。

【译】每一斤白面加入二两半熟油、剁碎的二两猪脂、二两羊脂及一盏酒，与面一同调和。如果感觉面硬，加些羊骨髓。将和好的面分成十个面剂，擀开，包馅。用模子印花样，入炉烤熟。宴席上，大个的肉油饼每份供食两个，小个的肉油饼每份供食四个。馅料与馒头的生馅做法相同。也可

① 砑（yà）开：碾压开。砑，碾。

② 鏊上煿得硬：放在鏊上烙的烧饼较硬。

③ 煻（táng）火内烧熟极脆美：放在热灰中烤熟的烧饼极其脆美。煻，灰中的火。

④ 托子：又名"脱子"。为一种模子。

⑤ 大者：大的肉油饼。

⑥ 穰（ráng）：泛指某些皮或壳里包着的东西。此处是指素食蜜做馅、枣做馅都可以。

以供素食，馅料里加蜜、枣都可以。

酥蜜饼

面十斤，蜜三两半，羊脂油春四、夏六、秋冬三两，猪脂油春半斤、夏六两、秋冬九两，溶开，倾蜜搅匀，浇入面溲和匀。取意印花样①。入炉熬②，纸衬底，慢火煿熟供。

【译】每十斤面，用三两半蜜，将羊脂油（春季四两、夏季六两、秋冬季三两）、猪脂油（春季半斤、夏季六两、秋冬季九两）溶化开，加入蜜搅匀，浇入面中调和并和成面团。按设想在饼上印出花样。入炉烤制，药用纸衬底，慢火烤熟后供食。

七宝八卷煎饼

白面二斤半，冷水和成硬剂，旋旋添水调作糊。铫盘③上用油摊薄煎饼，包馅子，如卷饼样。再煎供④。馅用羊肉炒臊子⑤、蘑菇、熟虾肉、松仁、胡桃仁、白糖末、姜米，入炒葱、干姜末、盐、醋各少许，调和滋味得所用。

【译】将两斤半白面用冷水和成硬面剂，逐渐加水调成糊。在铫盘上用油摊成薄煎饼，包入馅料，像卷饼一样。煎饼包馅后需再用油煎一下供食。馅料有羊肉臊子、蘑菇、熟

① 取意印花样：按设想在饼上印出花样。

② 熬：这里指烤、烙。

③ 铫盘：一种类似平底锅的炊具。

④ 再煎供：煎饼包馅后需再用油煎一下供食。

⑤ 馅用羊肉炒臊子：馅料有羊肉臊子（将羊肉切丁并炒熟）。

虾肉、松仁、胡桃仁、白糖末、姜米，加入炒葱、干姜末、盐、醋各少许，将口味调和适度后用。

金银卷煎饼①

鸭卵或鸡卵打破，清、黄另放，添水调开，加豆粉再调，摊作煎饼。包馅，再煎。每份供一对，作下饭。馅炒熟②。

【译】将鸭蛋或鸡蛋打破，蛋清、蛋黄单放，加水调开，加入豆粉再调和，摊成煎饼。包入馅料，再用油煎一下供食。每份供食一对，作下饭用。馅料要炒熟用。

驼峰角儿③

面二斤半，入溶化酥十两，或猪、羊油各半代之④，冷水和盐少许，溲成剂。用骨鲁槌擀作皮，包炒熟馅子，捏成角儿，入炉鏊熁熟⑤供。素馅亦可。

【译】取两斤半面，加入十两溶化的酥油，或者用猪、羊油各五两来代替酥油，用凉水和少许盐，和成面剂。用骨鲁槌擀成皮，包入炒熟的馅料，捏成角儿，入炉或鏊内烤熟后供食。馅料用素馅也可以。

---

① 金银卷煎饼：金色、银色的卷煎饼。这是用蛋黄和蛋清分别摊成的煎饼，色呈金黄和银白，故名。

② 馅炒熟：馅料要炒熟用。这是补充说明。

③ 驼峰角儿：这是中间凸起、两边捏成角的类似饺子的面食。

④ 或猪、羊油各半代之：或者用猪、羊油各五两代替酥油。

⑤ 鏊熁熟：烤、烙熟。

烙面角儿①

面二斤半，烧汤升半，候滚，倾下面八停②，留二停作粹。用汤搅，烙熟③，取出，晾冷，溲剂，擀皮。包炒熟馅子，捏成角儿，入盏，脱下炉鏊煿熟。素馅皆可④。

【译】取两斤半面，烧一升半水，等水开后，倒入八成的面，留两成作为粹面。用开水搅和面粉，将其烫熟，取出，晾凉，和成面剂，擀成面皮。包入炒熟的馅料，捏成角儿，放入盏内，再放入炉、鏊内烤熟后供食。素馅料也可以用。

盏酪燋油

以面调作稠糊，摊作厚煎饼。糊转⑤，慢火煿熟。不可焦了。取出，入蜜和，为剂，擀为厚饼样，包熟馅子。印脱花样，深油⑥炸黄色。或手按圆，炸之。素馅亦可。

【译】用面调成稠糊，摊成厚的煎饼。摊厚煎饼时，面糊在烤盘中要转动，用慢火烤熟。不要烤焦了。烤熟后取出，加入蜜调和，做成剂子，擀成厚饼的样子，包入熟馅

---

① 烙面角儿：这是一种用烫面包成的角儿，形似饺子。

② 八停：指八成。

③ 用汤搅，烙熟：开水搅和面粉，将其烫熟。

④ 素馅皆可：素馅料也可以用。皆，为"亦"之误。或"素"前脱一"荤"字，则全句为荤、素馅料均可用。

⑤ 糊转：摊厚煎饼时，面糊在烤盘中要转动。

⑥ 深油：锅中的油较深，指油量多。

料。用模子拓出花样，在油（油量要多）锅中炸至黄色。或者用手按成圆形，炸制。用素馅也可以。

圆燋油

面二斤半，内六分①，熟水和碱、酵各一合，化作水，入面调打泛②为度。馅用熟者。如弹子③。将面、馅上手包裹了，虎口挤出④，滚深油内，炸熟为度。

【译】将两斤半面，取六成面粉，将熟水和一合碱、一合酵化成水，入面调和后面发酵胀发开为止。馅料要用熟的。像弹子一样，将面、馅料用手包裹好，从虎口挤出，入滚油（油量要多）锅中炸制，炸熟为止。

馄饨角儿

面一斤，香油一两，倾入面内拌。以滚汤斟酌逐旋倾下，用枚⑤搅匀，烫作熟面。挑出锅，摊冷，擀作皮。入生馅包，以盏脱之⑥，作娥眉样⑦。油炸熟，筵上供。每分四只。

【译】每一斤面加一两香油，将香油倒入面内拌匀。斟

---

① 内六分：指取六成面粉和碱、酵。

② 泛：指面发酵胀发开。

③ 弹子：指"圆燋油"要制成弹子状。

④ 虎口挤出：指"弹子"包裹好，即从虎口挤出（入油锅中炸）。

⑤ 枚：古代行军时，士卒口衔用以防止喧哗的器具，形如筷子。

⑥ 以盏脱之：用盏作模子，将馄饨角子的生坯压制成形再倒出。

⑦ 作娥眉样：压制成"娥眉"状。娥眉亦作"蛾眉"，指女子美而长的眉毛。

酌着慢慢倒入开水中，用枚搅匀，烫成熟面。挑出锅，摊开晾凉，擀成面皮。加入生馅料包好，用盏作模子，将馄饨角子的生坯压制成形再倒出，压制成"娥眉（女子的眉毛）"状。在油锅内炸熟，宴席上供食。每份放四只馄饨角儿。

素食

（素下酒并素下饭）

玉叶羹

每十份：乳团二个薄劈，方胜切①，入豆粉拌；煮熟蘑菇丝四两；天花、桑荑②各二两；山药半熟，去皮，甲叶切③，四两；笋甲叶切，四两；糟姜片切，三两。碗内间装④，烫过。热汁浇。

【译】每十份玉叶羹：两个薄劈的乳团，切成"方胜"状，加入豆粉拌匀；四两煮熟的蘑菇丝；天花、桑荑各二两；将四两半熟的山药去皮，切成叶片形状；笋切成叶片形状；三两糟姜切片。以上原料要相间装在碗中，用开水烫过。浇热汁供食。

鳝生⑤

每十份：生面筋一埚，按薄。笼内先铺粉皮，撒粉丝，抹过，将面筋铺粉皮上，蒸熟。用油抹过，候冷，切

---

① 方胜切：切成"方胜"状。方胜，两个斜方形部分相叠连成的彩胜，古代妇人的饰物，以彩绸等为之，由两个斜方形部分叠合而成。也指这种形状的东西。

② 天花、桑荑：天花蕈及桑木耳。天花蕈是一种野生菌类，古人见其突然在野外长出，似从天而降，故名。简称"天花"。宋人朱弁（biàn）曾有《谢崔致君饷天花》之诗，即歌咏的天花菌。"桑耳"又称"桑蛾"等，"桑蛾"亦即"桑荑"。

③ 甲叶切：切成叶片形状。

④ 间装：指各种原料要相间装在碗中。

⑤ 鳝生：用面筋丝制作的假的生鳝丝。

三寸长细条。三色粉皮各一片，如上切。熟面筋一块，切丝。笋十根，切丝；蘑菇三两，切丝，油炒。簇装碗内，烫过，热汁浇。

【译】每十份鳝生：将一埚生面筋，按薄。笼内先铺好粉皮，撒上粉丝，用油抹过，将面筋铺在粉皮上，上笼蒸熟。蒸熟后再用油抹过，晾凉，切成三寸长的细条。取三色粉皮各一片，如上面说的方法切好。取一块熟面筋切成丝。将十根笋切成丝、三两蘑菇切成丝，并用油炒过。将上述原料堆入碗内，用开水烫过，浇上热汁供食。

断乳羹

牛乳一升，银石器熬，候凝入碗，用姜、盐。可供两份。

【译】将一升牛乳用银或石器熬制，等凝固后装入碗中，用姜、盐调味。可分两份供食。

假灌肺①

蒟蒻②切作片，焯过。用杏泥、姜、椒、酱腌两时许，揩净。先起葱油③，然后同水研乳④，姜、椒调和匀。蒟蒻炸过。合汁供。

【译】将魔芋切成片，用开水焯过。加入杏泥、姜、花椒、酱腌制四个小时左右，擦干净。先烧热油锅，将葱炸

① 假灌肺：这是用蒟蒻片制作的"假灌肺"的片子。

② 蒟（jǔ）蒻（ruò）：魔芋。为多年生草本植物魔芋的地下茎，球形，可食。

③ 先起葱油：先烧热油锅，将葱炸一下。

④ 同水研乳：用水研磨乳饼。

一下，然后用水研磨乳饼，用姜、花椒调和均匀。魔芋要炸过。配上汁供食。

素灌肺

熟面筋，切肺样块，五味腌，豆粉内滚熟。合汁供。

【译】将熟面筋切成肺一样的块，用五味调料腌制，裹豆粉在开水中煮熟。配上汁供食。

炒鳝乳齑淘

切细面，煮熟，过水。用面筋同豆粉洒颜色水溲和，擀饼，细切，焯熟，如鳝鱼色。加乳合齑汁浇面^①供。

【译】切细面，煮熟，过水。用面筋同豆粉洒上带颜色的水调和成面团，擀成饼，细切，在开水中焯熟，像鳝鱼的颜色。加入乳酪和姜、蒜、韭菜汁浇过水后的熟面供食。

山药馂饳

每面一斤，熟山药一斤、姜汁一两、豆粉一合，入水溲和，如水滑面硬。骨鲁槌研开，切作算子^②，入豆粉，卧定案上，搓约长尺许。下锅煮熟。合荤、素汁任用。

【译】每一斤面，加入一斤熟山药、一两姜汁、一合豆粉，加水合成面团，像水滑面一样硬。用骨鲁槌碾压开，切成算子状，加入豆粉，放在案板上，搓成约一尺长。下锅煮熟。配荤汁、素汁都可以。

---

① 面：指前面的过水熟面。

② 算子：计算用的筹。《说文·竹部》载："算长六寸，计历数者。"

酸馅①

馒头皮同②，褶儿较粗③，馅子任意。豆馅或脱或光④者。

【译】用的面皮和做馒头（包子）的面皮相同，外皮上的褶子较粗，馅料任意选用。豆馅的豆去皮或者不去皮。

七宝馅

栗子黄、松仁、胡桃仁、面筋、姜米、熟菠菜、杏麻泥⑤，入五味，芡打拌⑥，滋味得所，搦馅包。

【译】将栗子黄、松仁、胡桃仁、面筋、姜米、熟菠菜、杏仁泥、芝麻泥加入五味调料，用芡粉搅拌打匀，将口味调和适度，捏馅料去包。

菜馅

黄齑⑦碎切，红豆、粉皮、山药片，加栗黄尤佳，五味拌，打拌，搦馅包。

【译】将咸腌菜切碎，红豆、粉皮、山药片，加入栗子果更好，用五味调料拌，搅拌打匀，捏馅料去包。

---

① 酸馅：馅料名。从内容看，似"酸镰"。

② 馒头皮同：用的皮子和馒头（包子）皮相同。

③ 褶儿较粗：外皮上的褶子较粗。

④ 或脱或光：似指豆去皮或者不去皮。

⑤ 杏麻泥：杏仁泥、芝麻泥。

⑥ 芡打拌：用芡粉搅拌打匀。

⑦ 黄齑：咸腌菜。

灌浆、馒头、包子、馄饨、角儿、糁、孛撒

馅仿此制造，麻汁浇。

【译】（略）

澄沙糖馅

红豆焐熟，研烂，淘去皮，小蒲包滤极干，入沙糖食香，搦馅脱①。或面剂开，放此馅，造"澄糖千叶蒸饼"。

【译】将红豆煮熟，研烂，淘去红豆皮，用小蒲包过滤至非常干，在豆沙中加入砂糖，吃起来味香美，但须将其拌匀，用模子压成形。或者将面剂擀开，放入这种馅，来做"澄糖千叶蒸饼"。

绿豆馅

绿豆磨破，浸去皮，蒸熟。入油、盐、姜汁拌，搦馅包。

【译】将绿豆研磨破，浸泡后去皮，蒸熟。加入油、盐、姜汁拌匀，捏馅料去包。

甘露饼

面一斤，上笼，纸衬，蒸过。先以油水中停搅②，加饧汁，倾入面拌和。豆粉为粣，擀作薄饼。细攒褶儿，两头相衔纤③住，手按开。再加粉粣，骨鲁槌砑圆，油炸控起，蜜

---

① 入沙糖食香，搦馅脱：在豆沙中加入砂糖，吃起来味香美，但须将其拌匀，用模子压成形。搦，揉拌。脱，这里指用模子压制。

② 停搅：搅匀。停，匀停。

③ 衔（xián）纤：指两头相互连接。

浇，糁松仁。

【译】将一斤面粉用纸衬，上笼蒸过。先在油水中搅匀，加入饧汁，倒入面后拌和。用豆粉作粹面，擀成薄饼。细捏褶儿，两头相互连接住，用手按开。再加粉粹，用骨鲁槌压圆，在油锅内炸制后控油捞出，浇上蜜，撒上松仁。

素油饼

等仿"肉油饼"造。馅用蜜或枣。

【译】（略）

两熟鱼

每十份：熟山药二斤、乳团一个各研烂，陈皮三斤、生姜二两各剁碎，姜末半钱、盐少许、豆粉半斤调糊，一处拌，再加干豆粉调稠作馅。每粉皮一个，粉丝抹湿，入馅折掩，捏鱼样。油炸熟，再入蘑菇汁内煮。碟供。糁姜丝、菜头。

【译】每十份两熟鱼：取两斤熟山药、一个乳团分别研磨烂，取三斤陈皮、二两生姜分别剁碎，将半钱姜末、少许盐、半斤豆粉调成糊，把上述原料一同拌匀，再加入干豆粉调成稠馅。每一张粉皮，放入粉丝并抹湿，加入馅料折捏好，捏成鱼的形状。放油锅内炸熟，再下入蘑菇汁内煮过。装碟后供食。撒上姜丝、菜头。

酥煿鹿脯

每十份：生面筋四埚、细料物二钱、韭三根、盐一两、红曲末一钱，同剁烂，如肉色。温汤浸开，搓作条，煮熟，丝开[①]。酱、醋合蘑菇汁腌片时，控干。油煎，却下腌汁同炒干。

【译】每十份酥煿鹿脯：将四埚生面筋、两钱调料末、三根韭菜、一两盐、一钱红曲末一同剁烂，像肉的颜色一样。用温水浸泡开，搓成条，煮熟，撕成丝。用酱、醋调和蘑菇汁腌制片刻，控干水分。用油煎熟，再下入之前的腌汁一同炒干即可。

咸豉

熟面筋丝碎、笋片、木耳、姜片或加蘑菇、桑莪、蕈，下油锅炒半熟，倾入擂烂酱、椒、沙糖、少许粉芡，焙熟，候汁干供。

【译】取撕成丝的熟面筋、笋片、木耳、姜片或加些蘑菇、桑莪、蕈，下入油锅炒至半熟，倒入捣烂的酱、花椒、砂糖和少许粉芡，煮熟，等汤汁干后供食。

带汁咸豉

制造同上。加浸蘑菇汁、菠菜少许，带汁供。

【译】制作方法同上一条。加入泡蘑菇汁和少许菠菜，带汁供食。

---

① 丝开：撕成丝。

三色杂爊

桑莪、蘑菇、乳团，下油锅少盐炒。用原卤合汁供。

【译】将桑莪、蘑菇、乳团下入油锅，加少许盐炒制。用原卤调汁供食。

炙脯

熟面筋随意切，下油锅掠炒[1]。以酱、醋、葱、椒、盐、料物，擂烂，调味得所，腌片时。用竹签插，慢火炙干。再蘸汁炙。

【译】将熟面筋随意切好，下入油锅略炒。将酱、醋、葱、花椒、盐、调料等捣烂，调好口味，腌制片刻。用竹签插好，再慢火炙干。再蘸汁再烤。

炙蕈

肥白者[2]，汤浴过[3]，控干。盐、酱、油、料等拌，如前炙之。

【译】取用又肥又白的蕈，用热水洗一洗，控干水分。加入盐、酱、油、调料等拌匀，像前一条的方法一样烤制。

酒焐[4]蕈

逐根栽立沙土内，米泔泼，经宿，令鲜润脆软。丝开，用炒葱油、姜丝、桔丝、盐、酱料物、酒搅匀。焐熟

---

① 掠炒：略炒。

② 肥白者：取用又肥又白的蕈。

③ 汤浴过：用热水洗一洗。

④ 焐（wù）：用热的东西接触凉的东西，使它变暖。

供。不用醋。

【译】将葶逐根栽立在沙土里，用淘米水泼，经过一夜的时间，使葶鲜润脆软。撕成丝，用炒葱油、姜丝、橘丝、盐、酱料物、酒搅拌均匀。焐熟后供食。不要用醋。

假蚬子①

鲜莲肉不切，菱肉锉骰块，焯过，物料腌。油爁②，碟供。

【译】取整个的（不要切）新鲜莲肉、切成色子块菱肉，用开水焯过，用调料腌制。下油锅炸好，装入碟中供食。

炸骨头

乳团、豆粉、生面一斤、盐、酱、茴香、桔皮、椒末和匀，蒸熟。切作骨头样，油炸。却入酱清汁、擂炒熟大麻子，加沙糖合汁，慢火熬。入少面芡。不须用油。麻子炒不熟令人泻。

【译】将乳团、豆粉、一斤生面、盐、酱、茴香、橘皮、花椒末一并调和均匀，蒸熟。切成骨头的形状，用油炸制。再下入酱清汁、捣碎炒熟的大麻籽，加入砂糖调成汁，用慢火煮制。加入少许面芡。不需要用油。麻籽炒不熟会让人腹泻。

---

① 蚬子：软体动物，介壳为圆形或心脏形，表面有轮状纹，生活在淡水或河流入海的地方。这里指蚬子肉。

② 爁：这里疑指油炸。

炸山药

熟者，切作段，粉芡内蘸，掺栀子水拌的粡，炸熟供。

【译】将熟山药切成段，在粉芡内蘸一下，掺入用栀子水拌的粡，炸熟后供食。

假鱼脍

薄批熟面筋，用薄粉皮两个，芡抹湿，上下夹定，蒸熟，薄切。别染红粉皮，缕切。笋丝、蘑菇丝、萝卜丝、姜丝、生菜、香菜间装，如春盘样。用鲙醋浇。

【译】将熟面筋切成薄片，用两个薄粉皮，用芡粉抹湿，上片下片粘住，蒸熟后切成薄片。再取染成红色的粉皮切丝。将笋丝、蘑菇丝、萝卜丝、姜丝、生菜、香菜相间装盘，像春盘一样。浇上鲙醋供食。

水晶脍

琼芝菜①洗，去沙，频换米泔浸三日。略煮一二沸，入盆研极细，下锅煎化。滤去渣，候凝结，缕切。如上簇盘②，用醋浇食。

【译】将石花菜洗净、去沙，用淘米水（要常换）浸泡三天。将泡好的石花菜略煮一两开，倒入盆中研磨细，下锅煮化。滤去渣滓，等凝结后切成丝。像上一道菜"假鱼脍"一样装盘，浇上醋食用。

① 琼芝菜：石花菜。又名"琼枝""洋菜"，是一种海藻类植物。从中可以提取"琼脂"。

② 如上簇盘：像上一只菜"假鱼脍"一样装盘。

假水母线①

以蒟蒻切丝，滚汤焯。如上装簇，脍醋浇食。

【译】将魔芋切成丝，用开水焯过。像上一道菜一样装盘，浇上脍醋食用。

---

① 水母线：水母丝。水母为腔肠动物，种类很多，如海月水母、海蜇等。

煎酥乳酪品

煎酥法

羊脂一斤、猪肉四两，慢火熬，滤去渣；梨一个，去皮穰，薄切；栗肉十个，薄切；红枣十五个，去核切；灯心①一小把、皂角一寸，碎；苽蒌②子少许。熬，候梨干，再滤，收贮。

【译】将一斤羊脂、四两猪肉用慢火熬制，滤去渣滓；取一个梨，去掉皮、穰，切成薄片；取十个栗肉切成薄片；取十五个红枣，去掉核并切过；将一小把灯心、一寸皂角切碎；取少许瓜蒌子。将以上原料熬制，等梨干后，再过滤，收贮。

造酪法③

牛乳不拘多少，取于锅釜中，缓火煎之。紧则底焦④，犉牛、马粪火为上⑤。常以勺扬，勿令溢出。时复彻底纵横

---

① 灯心：多年生草本，根茎横走，密生须根。剥去外皮的称为"灯心"，未去皮的称为"灯草"。

② 苽蒌：瓜蒌。

③ 造酪法：造乳酪的方法。本条与《齐民要术·养羊第五十七》中的"作酪法"基本相同，只有少数字句作了变动。

④ 紧则底焦：火大了，锅底的牛乳就会烧焦。

⑤ 犉牛、马粪火为上：烧干的牛、马粪火煮牛乳为最好。《齐民要求》载："预收干牛、羊矢，煎乳第一好。"

直勾①，勿圆搅②。若断③，亦勿口吹，吹则解④。候四五沸便止，泻入盆中。勿扬动。待小冷，掠去浮皮，着别器中，即真酥也。余者生绢袋滤熟乳干净，瓷罐中卧之⑤。酪罐必须火炙干，候冷，则无润气⑥，亦不断。若酪断不成，其屋中必有蛇、虾蟆⑦故也。宜烧人发、牛羊角辟⑧之，则去⑨。其熟乳待冷至温如人体为候⑩。若适热卧则酸⑪，若冷则难成⑫。滤讫，先以甜酪为酵。大率，熟乳一升，用甜酪半匙着勺中，以匙痛搅开，散入熟乳中。仍以勺搅匀。与毡絮之属覆罐，令暖。良久，换单生布盖之。明旦酪熟⑬。或无旧酪浆，水一合代之，亦不可多。六七月造者，令如人体，只置于冷地，勿盖掊。冬月造者，令热于人体。

---

① 时复彻底纵横直勾：不时用勺子从锅底直来直去地将牛乳舀动。

② 勿圆搅：切勿将牛乳搅旋转。

③ 若断：如若做不成功。断，这里指失败。

④ 吹则解（xiè）：吹牛乳就会瀣。

⑤ 卧之：保持其温度。卧，保温。

⑥ 润气：水汽。

⑦ 虾蟆：蛤蟆。

⑧ 辟：辟邪之意。

⑨ 则去：蛇、蛤蟆就会离去。

⑩ 其熟乳待冷至温如人体为候：熟乳（卧酪），等到其温度降到和人体温差不多时为适宜。

⑪ 若适热卧则酸：如果温度太热，酪就会变酸。

⑫ 若冷则难成：如果太冷，那酪就制作不成。

⑬ 明旦酪熟：第二天清晨酪就成熟了。

【译】牛乳不限制数量多少，取出放在锅釜中，用慢火煎制。火大了，锅底的牛乳就会烧焦，用烧干的牛、马粪火煮牛乳为最好。经常以勺舀动，不要让牛乳溢出。不时用勺子从锅底直来直去地将牛乳舀动，切勿将牛乳搅旋转。如若做不成功，也不要用嘴吹，吹牛乳就会漤。等四五开后就停火，将牛乳倒入盆中。不要舀动。等牛乳稍微凉一些，撇去浮皮，倒入别的容器中，这就是真酥。剩下的熟乳用生绢袋过滤干净，倒入瓷罐中保持其温度。装酪的瓷罐必须用火烤干，等凉了，就不会有水汽，也不会做失败。如果酪做失败了，在屋中必有蛇、蛤蟆的缘故。可以烧人的头发或者是牛、羊角来辟邪，蛇、蛤蟆就会离去。熟乳（卧酪），等到其温度降到和人体温差不多时为适宜。如果温度太热，酪就会变酸，如果太冷，那酪就制作不成。过滤完后，先用甜酪为酵。比例是一升熟乳加半匙甜酪在勺子中，用匙使劲搅开，使甜酪散在熟乳中。仍用勺子搅匀。用毡絮一类的东西覆盖瓷罐，给瓷罐保暖。过一段时间后，再换单生布来覆盖瓷罐。第二天清晨酪就成熟了。或没有旧酪浆，用一合水来代替，水不可以多。六七月份制作酪，温度降至和人的体温差不多时，只放在凉地上，不用覆盖。冬季制作酪，温度要高于人的体温。

晒干酪

七八月间造之。烈日炙酪，酪上皮成，掠取^①；更炙，又掠；肥尽无皮，乃止。得斗许，锅中炒少时即出，盘盛曝干，浥浥时^②作团，如梨大。又，曝极干收。经年不坏，以供远行。作粥作酱细削，以水煮沸，便有酪味。

【译】在七八月份的时候制作。在烈日下晒酪，酪上生皮，撇取皮；继续晒酪，将生的皮再撇取；没有皮了就不用晒了。剩下一斗左右，在锅中炒一会儿即出锅，盛入盘中晒干，在酪半干半潮的时候做成团，像梨一样大。另，将酪晒至非常干后收贮。一年也不会坏，可以用于远行。做粥、做酱是将酪细切，用水煮开，就会有酪味。

造乳饼

取牛乳一斗，绢滤入锅。煎三五沸，水解，醋点入乳内，渐渐结成。漉出，绢布之类裹，以石压之。

【译】取一斗牛乳，用绢过滤后下入锅中。煮三五开后，水解，将醋点入牛乳内，使牛乳渐渐凝结。捞出，用绢布之类的东西包裹，用石头压住。

就乳团

用酪五升，下锅烧滚，入冷浆水半升，自然摄成块。

---

① 掠取：撇取，从表面舀取。

② 浥浥时：半干半潮之时。

如未成块，更用浆水一盏，决^①成块。滤滓，以布包，团搦如乳饼样。春秋月，酪滚提下锅，再浆就之；夏月滚，倾入盘就。

【译】将五升酪下入锅中烧开，加入半升冷浆水，自然凝结成块。如果没有成块，再加入一盏浆水，一定会成块。滤去渣滓，用布包裹，团捏成乳饼的样子。在春天、秋天的时候，酪下锅煮开后，再加入浆水就做好了；夏天的时候煮开，倒入盘中就做好了。

---

① 决：一定。

造诸粉品

藕粉

粗者，洗净，截断。礁中捣烂，布绞取汁，以密布再滤。澄去上清水。如汁稠难澄，添水搅，即澄为粉。服此轻身延年①。

【译】选取粗大的藕，洗干净，截成段。在礁中捣烂，用布绞取藕汁，用密布再过滤。澄去表面的清水。如藕汁稠不好澄清，就添些水搅动，即澄为藕粉。长服藕粉可使身体轻巧灵活、健康长寿。

莲子芡粉、芡粉

并②取新者，蒸熟。烈日晒，皮即开。舂作粉。

【译】全部选取新鲜的莲子，蒸熟。在烈日下晒，莲子皮即爆开。舂成粉即可。

菱粉

与藕粉制造同。凫茨③、泽泻、葛根、芋头、茯苓等皆可造。

【译】与藕粉的制作方法相同。菱角、泽泻、葛根、芋头、茯苓等都可以制作。

---

① 轻身延年：指身体轻巧灵活、健康长寿的意思。

② 并：全部。

③ 凫茨：菱角。

庖厨杂用

天厨大料物①

芜荑仁、良姜、荜拨、红豆、砂仁、川椒、干姜（炮）、官桂、莳萝、茴香、桔皮、杏仁各等分，为末，水浸，蒸饼，为丸如弹。

【译】将芜荑仁、良姜、荜拨、红豆、砂仁、川椒、干姜（炮过）、官桂、莳萝、茴香、橘皮、杏仁各取重量相等，共碾成末，用水浸泡，蒸饼，做成丸像弹子一样大。

调和省力物料

马芹、胡椒、茴香、干姜、官桂、花椒多等分，碾为末。滴水随意丸。每用调和，撚破入锅。出外者尤便。

【译】将马芹、胡椒、茴香、干姜、官桂、花椒分成相等的份，碾成末。加水随意做成丸。每到需要调和口味时，将丸捻破下入锅中即可。外出时非常方便携带。

造麦黄

六月内取小麦，淘去浮者，水浸。烈日晒七日。每朝换水。至第七日，漉出，控干。蒸熟，覆盖。盦黄上，晒干。造鲊用。

【译】在六月的时候选取小麦，用水浸泡，淘去漂浮

---

① 天厨大料物：这是一种预先制成的"方便调料"。天厨，极言此料物做出的菜风味佳美，犹如天厨做的一般。大料物是与小料物相对而言，所用调料较多。

的。在烈日下晒七天。每天早上要换水。至第七天，捞出，控干水分。蒸熟，覆盖。生出黄衣后晒干。制作鲊时用。

造芜荑

榆钱不拘多少，晒干。于瓷器内铺榆钱一层，撒盐一层，如此相间。以浆水浇。候软，控起。用面搅拌，覆盖。盦黄上，晒干为度。

【译】榆钱不限数量多少，晒干。在瓷器内铺上一层榆钱，撒上一层盐，像这样一层榆钱一层盐。浇上浆水。等榆钱软了以后，控干水分后捞起。用面搅拌，覆盖。生出黄衣后晒干为止。